普通高等教育"十二五"创新型规划教材

电力系统自动化

主　编　李俊瑞

主　审　殷　刚

参　编　张　燕　邓久燕

北京理工大学出版社

BEIJING INSTITUTE OF TECHNOLOGY PRESS

内 容 简 介

全书共 6 章。第 1 章为电力系统自动化概述，主要介绍电力系统自动化的基本概念，电力系统自动化的内容以及电力系统自动化发展的趋势；第 2 章为同步发电机并列运行，内容包括同步发电机并列运行的条件、方法及对并列运行条件的分析；第 3 章为同步发电机励磁自动控制，内容包括同步发电机励磁系统的分类，转子磁场的建立，励磁系统调节及灭磁；第 4 章介绍电力系统频率调节方面的内容；第 5 章介绍电力系统电压调节方面的知识；第 6 章介绍电力系统安全调度与经济运行的内容。为了使学生进一步理解和加强实践技能，在第 2 章和第 3 章后设置了项目一、项目二、项目三、项目四，通过项目中的任务模拟实际电力生产过程，激发学生的学习热情。

本书适用于高等院校电力系统自动化技术专业教材，亦可作为相关岗位人员的培训教材或参考书。

图书在版编目（CIP）数据

电力系统自动化/李俊瑞主编. —北京：北京理工大学出版社，2013.3
（2017.2 重印）

ISBN 978 - 7 - 5640 - 7490 - 6

Ⅰ. ①电…　Ⅱ. ①李…　Ⅲ. ①电力系统—自动化　Ⅳ. ①TM76

中国版本图书馆 CIP 数据核字（2013）第 045406 号

出版发行/北京理工大学出版社

社　　　址/北京市海淀区中关村南大街 5 号

邮　　　编/100081

电　　　话/（010）68914775（办公室）　68944990（批销中心）　68911084（读者服务部）

网　　　址/http://www.bitpress.com.cn

经　　　销/全国各地新华书店

印　　　刷/虎彩印艺股份有限公司

开　　　本/710 毫米×1000 毫米　1/16

印　　　张/9

字　　　数/165 千字　　　　　　　　　　　　　　　责任编辑/陈莉华

版　　　次/2013 年 3 月第 1 版　2017 年 2 月第 4 次印刷　责任校对/周瑞红

定　　　价/28.00 元　　　　　　　　　　　　　　　责任印制/王美丽

前　言

"电力系统自动化"是电力系统自动化技术专业的主干课程之一，本书力求使学生对电力系统自动化及其基本问题有一个系统的了解和认识，并通过一些实验来加深学生的理解与实际动手能力。所以，在编写过程中，注重基本概念、基本原理的介绍，不对具体的自动化装置及其构成做介绍，不对自动化系统的数学模型进行分析。

本书以培养在生产、服务、技术和管理第一线工作的高素质劳动者为目标。教材的内容适应高等院校教育发展的需要，侧重培养学生的基本技能。

本书共分6章。第1章为电力系统自动化概述，主要介绍电力系统自动化的基本概念，电力系统自动化的内容以及电力系统自动化发展的趋势；第2章为同步发电机并列运行，内容包括同步发电机并列运行的条件、方法及对并列运行条件的分析；第3章为同步发电机励磁自动控制，内容包括同步发电机的励磁系统的分类，转子磁场的建立、励磁系统调节及灭磁；第4章为电力系统频率调节；第5章为电力系统电压调节；第6章为电力系统安全调度与经济运行。

本书由李俊瑞担任主编，张燕、邓久燕参加编写，其中第1、6章由张燕编写，第2章由邓久燕编写，第3~5章及项目一、二、三、四由李俊瑞编写，殷刚老师担任主审。

本书在编写过程中得到了殷刚老师的大力支持和帮助，并多次审阅书稿，对全书的结构和内容提出了许多修改意见和建议。同时，内蒙古大唐托克托发电有限公司高级工程师李盛和天津蓝巢电力检修公司内蒙古大唐托电运行维护项目部副总工程师李向阳审阅了本书，并提出了一些宝贵建议，在此一并表示衷心的感谢。

由于编者教学经验和专业水平有限，加之时间仓促，书中不妥之处和错误，敬请读者批评指正。

编　者

目 录

第1章 电力系统自动化概述 ……………………………………… 1

1.1 电力系统自动化的重要性 …………………………………… 1

1.2 电力系统自动化的主要内容 ………………………………… 2

1.3 电力系统自动化的发展 ……………………………………… 4

第2章 同步发电机并列运行 ……………………………………… 9

2.1 概述 …………………………………………………………… 9

2.2 准同期并列运行原理及条件分析 ………………………… 10

2.3 数值角差、整步电压与越前时间 ………………………… 15

2.4 自动准同期装置的基本要求 ……………………………… 22

项目一 发电机组的启动与运转操作 …………………………… 24

项目二 同步发电机准同期并列运行 …………………………… 30

   任务一 手动准同期并网 ……………………………………… 30

   任务二 半自动准同期并网 …………………………………… 32

   任务三 自动准同期并网 ……………………………………… 34

第3章 同步发电机励磁自动控制 ……………………………… 37

3.1 同步发电机励磁系统的主要任务及要求 ………………… 37

3.2 同步发电机励磁系统 ……………………………………… 44

3.3 励磁系统中转子磁场的建立和灭磁 ……………………… 49

3.4 励磁调节器原理 …………………………………………… 50

3.5 发电机励磁调节器静态特性的调整 ……………………… 56

3.6 同步发电机励磁系统的动态特性 ………………………… 60

项目三 同步发电机励磁控制 …………………………………… 62

   任务一 同步发电机起励 ……………………………………… 62

   任务二 励磁调节器控制方式及其相互切换 ……………… 63

   任务三 跳灭磁开关灭磁和逆变灭磁 ……………………… 68

   任务四 欠励限制 ……………………………………………… 70

   任务五 同步发电机强励 ……………………………………… 74

项目四　电力系统功率特性和功率极限 ························· 76

第4章　电力系统频率调节 ································· 82

4.1　电力系统的频率特性 ······························· 82

4.2　调频与调频方程式 ······························· 85

4.3　电力系统频率及有功功率的自动调节 ··············· 88

4.4　电力系统低频减载 ······························· 92

第5章　电力系统电压调节 ································· 96

5.1　电力系统电压控制的意义 ························· 96

5.2　电力系统无功电源及无功功率损耗 ················· 97

5.3　无功功率的平衡与电压水平的关系 ················· 103

5.4　电力系统的电压管理 ····························· 106

第6章　电力系统安全调度与经济运行 ··············· 114

6.1　概述 ··· 114

6.2　电力系统运行状态的安全分析 ··················· 118

6.3　电力系统安全调度的内容及总框图 ··············· 121

6.4　电力系统经济运行概述 ························· 124

参考文献 ··· 132

第1章

电力系统自动化概述

1.1 电力系统自动化的重要性

电力系统是指由进行电能生产、变换、输送、分配和消费所需的发电机、变压器、电力线路、断路器、母线和用电设备等各种设备按照一定的技术和经济要求有机组成的统一整体。为了确保电力系统安全、优质、稳定、经济地运行，还存在一个对以上一次系统进行监视、控制、保护、调度的辅助系统，即二次系统。它由自动监控设备、继电保护装置、远动和通信等设备组成。

电力系统自动化是电工二次系统的一个组成部分，是指应用各种具有自动检测、决策和控制功能的装置并通过信号系统和数据传输系统对电力系统各元件、局部系统或全系统进行就地或远方的自动监视、协调、调节和控制，保证电力系统安全经济运行和具有合格的电能质量。

1.1.1 电力系统的复杂性

电力系统同其他工业系统相比有着明显的特点，主要有以下几个方面。

（1）电能不能像其他工业产品那样大量储存，而是即用即发。在任何时刻，电力系统中电源发出的功率都等于该时刻电力系统负荷和电能输送、分配过程中所消耗的功率之和。

（2）电能供应十分重要，电力系统一旦发生事故，就会在短时间内影响到大量电力用户，造成很大的经济损失。

（3）暂态过渡过程十分迅速，发电机、变压器、输电线路、用电设备的投入或退出运行都是在同一瞬间完成的。电力系统的发生和发展以及运行方式改变所用的时间都是十分短暂的。

（4）电力系统结构复杂而庞大，现代电力系统跨越几十万甚至几百万平方公里地域，它的高低压输、配电线路纵横交错，各种规模的发电厂和变电站遍布各地，连接着城乡的厂矿、机关、学校以及千家万户。

电力系统运行控制的目标，就是始终保持整个电力系统的正常运行，安全经济地向所有用户提供合乎质量的电能。同时，在电力系统发生偶然事故的时候，能够迅速排除故障，防止事故扩大，并尽快恢复电力系统的正常运行。

1.1.2 电力系统自动化的重要性

第一，由电力系统以上特点可知，电力系统中，被控制的发、输、变、配电设备很多，通过不同电压等级的电力线路连成网状，使整个系统在电磁上相互耦合连接。因此，电力系统中任何一点发生故障，都会在瞬间影响和波及全系统。这就要求电力系统要有快速控制的能力。显然，依靠人工监视是做不到这一点的，必须借助于自动监视控制装置来完成，也就是借助各种自动装置和自动化系统才能保证电力系统的稳定运行。

第二，电力系统需要监视和控制很多参数，包括电力系统频率、节点电压、线路电流、功率等。因为用电设备所消耗的有功功率和无功功率总是随机变化的，所以就需要电力系统内的发电机组和无功补偿设备发出的有功功率和无功功率随之变化。显然，监视和控制成千上万的运行参数必须要有整个系统或局部系统的自动化装置。

第三，电力系统发生故障时，实质上对电力系统自动控制系统会产生一个扰动。随着电力系统故障的随机发生，相应就会有故障切除，也就是说，在扰动的同时，会伴随被控对象结构的变化，这就增加了控制的复杂性。因此，需要借助自动化系统对电力系统进行实时、精确、快速的控制。

总之，保证电力系统安全、优质、经济运行单靠发电厂、变电站和调度中心运行值班人员人工监视和操作是根本无法实现的。必须依靠自动化系统才能实现。电力系统自动化是电力系统安全、优质、经济运行的保证之一。没有电力系统自动化，现代电力系统是不能安全运行的。

1.2 电力系统自动化的主要内容

电力系统自动化是一个总称，它由许多子系统组成，每个子系统完成一项或几项功能。从不同侧面可以将电力系统自动化的内容划分为几个部分。按电力系统运行管理区，可以将电力系统自动化分为电力系统调度自动化、发电厂综合自动化、变电站综合自动化和配电网综合自动化。发电厂综合自动化又分为火电综合自动化和水电综合自动化。从电力系统自动控制的角度又可将电力系统自动化分为电力系统频率和有功功率自动控制、电力系统电压和无功功率自动控制、电力系统安全自动控制等。

1.2.1 电力系统调度自动化

电力系统调度自动化的功能可概括为：调度整个电力系统的运行方式，使电力系统在正常状态下安全、优质、经济地向用户供电，在缺电状态下做好负荷管理；在事故状态下迅速消除故障的影响和恢复正常供电。电力系统调度自动化的任务是综合利用计算机、远动和通信技术，实现电力系统调度管理自动化，有效帮助调度员完成调度任务。可概括为遥测、遥信、遥控、遥调、遥视这"五遥"功能，或称为 SCADA（Supervisory Control And Data Acquisition）系统。

电力系统调度自动化的特点是统一调度，分层控制。电力系统是一个庞大的产、供、销电能的整体。根据电力生产的特点，电力系统中的每一环节都必须在调度机构的统一领导下，随用电负荷的变化而协调运行。我国电力体制实现厂网分开，已成立国家电网公司和南方电网公司。

所谓电力系统分级管理，是指根据电力系统分层的特点，为了明确各级调度机构的责任和权限，有效地实施统一调度，由各级电网调度机构在其调度管辖范围内具体实施电网管理的分工。我国实行电网运行，其管理体制是五级分级调度管理。如图 1 – 1 所示。

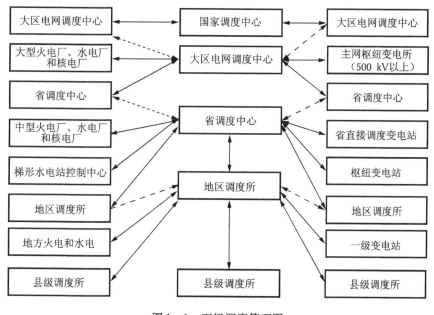

图 1 – 1　五级调度管理图

1.2.2　发电厂综合自动化

对各类发电厂的运行实施自动控制是现代电力系统的必然要求。发电厂自动化系统主要包括动力机械自动控制系统、自动发电量控制（AGC）系统和自动电压控制（AVC）系统。

针对各个发电厂的类型不同，其控制要求与控制规律也大不相同。火电厂的动力设备主要为蒸汽机、燃气轮机、内燃机等。因此，火电厂自动控制系统主要包括锅炉自动控制系统、汽轮机自动控制系统、机炉谐调主控系统、辅助设备自动控制系统、计算机监视系统等。而水电厂主要控制的是水轮机、调速器、闸门启闭及水轮发电机励磁等。因此，水电厂自动控制系统主要有水轮发电机组控制系统、水轮机调速控制系统、水电厂自动发电控制系统、水电厂计算机监控系统等。一般而言，水电厂的自动化程度比火电厂要高。

1.2.3 变电站综合自动化

变电站自动化是在原来变电站常规二次系统基础上发展起来的。因变电站设备比较简单，其自动化在较长时间没有得到重视，运行时主要依靠人工监视和操作。为保证电气设备安全、可靠、经济地运行，也设置了由集成电路或有触点的继电器装置构成的二次回路对变电站设备进行控制和保护，这些回路被称为"变电站常规二次系统"。

随着微机技术在电力系统调度和电厂自动化中的应用，逐渐将微机技术引入变电站二次系统中，在变电站监控、控制、远动、继电保护等方面实现了微机化，称为"变电站自动化"。

随着计算机技术的进一步发展，20世纪70年代各个发达国家相继开展了将变电站监控、控制、远动、继电保护等功能进行统一考虑，构成一个统一的计算机系统的研究工作。经过10年努力，于80年代末进入了工业实用阶段。这就是"变电站综合自动化"。

变电站常规二次回路包括控制系统、信号系统、测量系统、同步系统和二次回路电源；变电站自动化包括微机监控系统、微机远动系统两部分；变电站综合自动化将变电站自动化推向了一个更高的阶段，其功能包括变电站远动、继电保护、开关操作、测量、故障录波、事故顺序记录和运行参数自动打印记录等。

1.2.4 配电网综合自动化

配电网是从输电网接受电能再分配给各电能用户的电力网。配电网自动化是电力系统自动化的一个重要组成部分。配电网自动化是利用计算机、电子和通信技术对配电网和用户中的设备，以及用电负荷进行监视、控制和管理。

配电网自动化包括配电网调度自动化系统、配电变电站自动化系统、配电线路自动化系统和用户自动化系统等。一般来说，配电网自动化的功能有以下7方面：数据采集与控制（SCADA）、负荷管理、电压/无功综合控制、可靠性管理、信息管理、配电网计算机图示系统、安全和节能。

1.3 电力系统自动化的发展

1.3.1 电力系统自动化的发展历程

随着电力装机容量和供电区域的不断扩大，电力系统的结构和运行方式越来越复杂多变。同时对供电质量、供电可靠性和运行经济性的要求越来越高。半个世纪以来，电力系统自动化的发展经历了以下 5 个阶段。

1. 手工阶段

在电力工业萌芽阶段，发电厂都建在用户附近就近供电，电厂规模小，运行人员在发电机、开关设备等电力元件旁监视设备状态并进行手工操作。这种工作方式大大受到运行人员素质与精神状态的影响，而且在发生事故时往往不能及时做出反应，容易使事故扩大。

2. 简单自动装置阶段

随着人民用电的增长，电力系统内的发电设备及其出力不断增加，对电能质量和安全可靠性提出了更高的要求，传统的人工监视和操作已不能满足电力系统的运行需要。于是出现了单一功能的自动装置。比如故障自动切除装置、自动操作和调节装置、远距离信息自动传输装置。

3. 传统调度中心阶段

为了提高供电可靠性和运行的经济性，逐步将原本孤立的电力系统连接起来形成了互连电网。这就需要建立一个调度中心，以便对电力系统进行统一管理和指挥，合理调度各发电厂出力并及时处理影响整个电力系统正常运行的事故和异常情况。起初，由于通信设备等技术的制约，电话是电力系统调度联络的主要方式。这种方式使调度的实时性和准确性受到限制，是不能满足电力系统要求的。

4. 现代调度的初级阶段

为了解决调度实时性问题，随着通信技术的发展，出现了远距离信息自动传输装置。这些装置将设备运行参数、设备的投入和切除情况自动传输到调度中心，即"遥信""遥测"；并把调度决策自动传输到发电厂和变电站，调节和控制电力系统设备，即"遥调""遥控"。在此阶段实现了"四遥"，满足了实施调度的要求。

5. 综合自动化阶段

电力工业成为必不可少的支柱产业，电网规模快速扩大，单一功能的自动化装置很难满足电能质量以及可靠性和安全性方面的需要，于是出现了自动化程度更高的自动化系统，即将多套独立的自动化装置用通信信道或网络互连，实现信息共享，相互协调，自动完成指定的功能。

如图 1 - 2 所示，为电力系统自动控制系统的工作模式图，它将电力系统自动控制装置、电力系统远动装置和通信装置有机地结合在一起，组成一个规模很大的综合自动化系统。

在图 1 - 2 中，电力系统的信息，包括电力系统的运行结构、参数和事故状态通过电力系统远动装置的遥信（YX）、遥测（YC）和通信装置传送到调度中心的调度计算机。而在调度计算机中，首先对远动传来的信息进行处理，得出表征电力系统运行状态的完整而准确的信息；然后根据电力系统的运行结构求出表征电力系统实时运行状态的数学模型；最后根据电力系统运行的要求求出对电力系统实施控制的决策。调度计算机做出的控制决策再通过远动装置的遥控（YK）、遥调（YT）和通信装置传送到电力系统。电力系统中的自动装置接到从调度计算机传来的 YK 和 YT 信息之后，对电力系统的运行结构和参数再通过远动装置的 YX、YC 和通信装置传到调度中心的调度计算机。上述过程周而复始地不停进行，实时地对电力系统内众多发电机组和电力设备进行监视和控制。

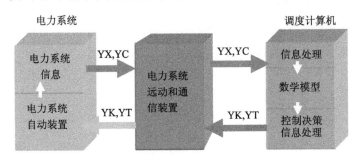

图 1-2　电力系统自动控制系统工作模式图

1.3.2　电力系统自动化的发展趋势

电力系统自动化是一个发展的概念，其涵盖的内容在深度和广度上不断拓展和相互融合。电力系统自动化技术不断地由低到高、由局部到整体发展。

1. 当今电力系统自动控制技术的趋向

（1）在控制策略上日益向最优化、适应化、智能化、协调化、区域化发展。

（2）在设计分析上日益要求面对多机系统模型来处理问题。

（3）在理论工具上越来越多地借助于现代控制理论。

（4）在控制手段上日益增多了微机、电力电子器件和远程通信的应用。

（5）在研究人员的构成上也需要多"兵种"的联合作战。

2. 整个电力系统自动化的发展趋向

（1）由开环监测向闭环控制发展，例如从系统功率总加到 AGC（自动发电控制）。

（2）由高电压等级向低电压扩展，例如从 EMS（能量管理系统）到 DMS（配电管理系统）。

（3）由单个元件向部分区域及全系统发展，例如 SCADA（监测控制与数据采集）的发展和区域稳定控制的发展。

（4）由单一功能向多功能、一体化发展，例如变电站综合自动化的发展。

（5）装置性能向数字化、快速化、灵活化发展，例如继电保护技术的演变。

（6）追求的目标向最优化、协调化、智能化发展，例如励磁控制、潮流控制。

（7）由以提高运行的安全、经济、效率为目标完成向管理、服务的自动化方向扩展。例如 MIS（管理信息系统）在电力系统中的应用。

随着计算机技术、通信技术、控制技术的发展，现代电力系统已成为一个计算机（Computer）、控制（Control）、通信（Communication）和电力装备及电力电子（Power System Equipments and Power Electronics）的统一体，简称为"CCCP"。目前，电力系统自动化已经出现或正在发展的具有变革性重要影响的三项新技术：电力系统的智能控制、FACTS 和 DFACTS、基于 GPS 统一时钟的新一代 EMS 和动态安全监控系统。

（1）电力系统的智能控制。

智能控制是当今控制理论发展的新的阶段，主要用来解决那些用传统方法难以解决的复杂系统的控制问题；特别适于那些具有模型不确定性、具有强非线性、要求高度适应性的复杂系统。

智能控制在电力系统工程应用方面具有非常广阔的前景，其具体应用有快关汽门的人工神经网络适应控制，基于人工神经网络的励磁、快关综合控制系统结构，多机系统中的 ASVG（新型静止无功发生器）的自学习功能等。

（2）FACTS 和 DFACTS。

FACTS 即"柔性交流输电系统"技术又称"灵活交流输电系统"技术，是指在输电系统的重要部位，采用具有单独或综合功能的电力电子装置，对输电系统的主要参数（如电压、相位差、电抗等）进行调整控制，使输电更加可靠，具有更大的可控性和更高的效率。这是一种将电力电子技术、微机处理技术、控制技术等高新技术应用于高压输电系统，以提高系统可靠性、可控性、运行性能和电能质量，并可获取大量节电效益的新型综合技术。

DFACTS 是指应用于配电系统中的灵活交流技术，它是 Hingorani 于 1988 年针对配电网中供电质量提出的新概念。其主要内容是：对供电质量的各种问题采用综合的解决办法，在配电网和大量商业用户的供电端使用新型电力电子控制器。

（3）基于 GPS 统一时钟的新一代 EMS 和动态安全监控系统。

目前应用的电力系统监测手段主要有侧重于记录电磁暂态过程的各种故障录波仪和侧重于系统稳态运行情况的监视控制与数据采集（SCADA）系统。前者记录数据冗余，记录时间较短，不同记录仪之间缺乏通信，使得对于系统整体动态特性分析困难；后者数据刷新间隔较长，只能用于分析系统的稳态特性。两者还具有一个共同的不足，即不同地点之间缺乏准确的共同时间标记，记录数据只是局部有效，难以用于对全系统动态行为的分析。

　　基于 GPS 的新一代动态安全监控系统，是新动态安全监测系统与原有 SCADA 的结合。电力系统新一代动态安全监测系统，主要由同步定时系统、动态相量测量系统、通信系统和中央信号处理机四部分组成。采用 GPS 实现的同步相量测量技术和光纤通信技术，为相量控制提供了实现的条件。GPS 技术与相量测量技术结合的产物——PMU（相量测量单元）设备，正逐步取代 RTU 设备实现电压、电流相量测量（相角和幅值）。

　　电力系统调度监测从稳态/准稳态监测向动态监测发展是必然趋势。GPS 技术和相量测量技术的结合标志着电力系统动态安全监测和实时控制时代的来临。

　　随着计算机技术，控制技术及信息技术的发展，电力系统自动化面临着空前的变革。多媒体技术、智能控制将迅速进入电力系统自动化领域，而信息技术的发展，不仅会推动电力系统监测的发展，也会推动电力系统控制向更高水平发展。

第 2 章

同步发电机并列运行

2.1 概 述

电力系统中的发电机组都是并联运行的，不论是在正常或事故的情况下，经常需要使某些发电机组通过一定的操作参加并联运行（包括同步发电机、同步调相机或电力系统的两个部分进行并联的操作）。我们把这种不同系统参加并联运行的操作，统称为电力系统的并列操作。并列操作是电力系统运行中经常的、很重要的一项操作，必须认真对待，以便在并列操作以后，能很快达到同步运行的目的。假如操作情况不良或发生误操作，将会对电力系统带来极其严重的后果；可能发生巨大的冲击电流，甚至比机端短路电流还要大很多；会引起系统电压严重下降；使电力系统发生振荡以致使系统瓦解；冲击电流所产生的强大电动力还可能对电气设备造成严重的损坏，以致在短时期内难以恢复等。

为了使并列操作后电机迅速拉入同步，在操作之前一般都应该根据不同的并列方法使待并电机满足一定的条件。不论采取哪一种操作方法，应该共同遵守的基本要求是：

（1）并列操作时，冲击电流不应超过允许值。

（2）发电机投入系统后，应能迅速拉入同步。

目前电力系统中采用的并列方法可以分为：准同期并列、自同期并列和非同期并列3种。它们的使用条件与使用情况均不相同，现分述如下。

2.1.1 准同期并列

准同期并列要求在合闸前调节待并机组或待并系统，同时满足以下3个条件。

（1）频率条件。应使待并电机的频率接近系统频率，一般频率差应不超过0.2% ~0.5%。

（2）电压条件。应使待并电机与系统的电压接近相等，一般电压差应不超过5% ~10%。

（3）相角条件。当上述两个条件已被调节得符合要求时，就应在断路器两侧的电压相角重合前，稍微提早一些时间给断路器发出合闸脉冲，以便在合闸瞬间，断路器两侧的电压相角的相角差恰好趋于零，这时的冲击电流最小。通常此相角差不宜超过10°左右。

假如待并电机与电力系统的频率、电压和相角完全相同，则并列操作所引起的冲击电流为零，但实际上差别总是存在的。如果两者间频率差别较大，即发电机在并列前的转速太慢或太快，则并列后很快地带上过多的负或正的有功负荷，甚至可能失去同步。如果两者间电压差别较大，则在合闸时会出现无功性质的冲击平衡电流。如果合闸时的相角差较大，则会出现有功性质的冲击平衡电流。

准同期并列合闸后冲击电流很小，能马上拉入同步，对系统的扰动也很小。因此，目前在电力系统中应用最广。

2.1.2　自同期并列

自同期并列只适用于把电机并入系统，对于系统两个部分间的并列不能采用。其操作过程是将未经励磁的电机升速到接近同步转速，在不超过允许滑差的条件下，先把电机投入系统，随即将励磁电流加到转子中去。在正常情况下，经过1~2 s后，即可拉入同步。自同期并列对于相角及电压条件没有要求，而转速条件亦可以放得很宽。通常的允许滑差，在正常时为2%~3%，事故情况下可达10%。

自同期并列的最大特点是并列过程迅速，操作简单，实际上避免了误操作的可能性，而且宜于实现操作过程的自动化。正是由于这些优点，自同期并列对于加速事故处理有着重大的意义。自动自同期并列的方式多用于水轮发电机。对于汽轮发电机，目前多采用半自动自同期方式。

2.1.3　非同期并列

不检查上述的3个并列条件，而直接将电机投入系统的方法称为非同期并列。这种并列方法可能带来较大的冲击电流。在最不利的情况下，当两者之间的电压相角差达到180°时，冲击电流可以比发电机的出口短路电流大一倍，同时带来巨大的电动力效应。

由于这种并列方式会产生较大的冲击电流，导致系统电压下降，并对系统的稳定运行带来一定的影响，因此目前在我国，这种并列操作主要用于自动重合闸中。

2.2　准同期并列运行原理及条件分析

2.2.1　准同期并网理想条件

图2-1 (a) 表示发电机G1欲与母线W并列运行时，必须利用断路器QF1

进行并列操作；图 2 - 1（b）说明，当系统两部分系统联络线要实现同步运行时，也必须利用断路器 QFA 进行并列操作。

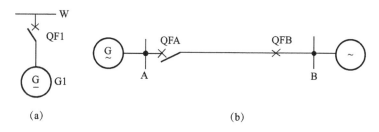

图 2 - 1　发电机并列示意图

理想的同步并列的条件如下。

（1）待并发电机频率与母线频率相等，即滑差（频差）为零。

（2）断路器主触头闭合瞬间，待并发电机电压与母线电压间的瞬时相角差为零，即角差为零。

（3）待并发电机电压与母线电压的幅值相等，即压差为零。

当系统处于稳态运行时，图 2 - 1（a）的待并发电机 G1 如果实现了上述 3 个条件，虽然尚未并入系统，但可说已与系统处于"同步状态"，无论是自动或手动合上 QF1，都可以使 G1 平滑地与系统进行同步运行，不发生任何的并列冲击与振荡，这是典型的同步并列。自动准同期原理是在上述 3 个同步并列条件，即 $\Delta u \cong 0$，$\Delta f \cong 0$ 及 $\Delta \delta \cong 0$ 的情况下，同步发电机的自动并列问题，一般称作自动准同期，目前在我国还是一种必备的自动准同期装置，应用较为普遍。在并列瞬间，如果发电机与母线间存在着电压差、频率差或相角差，其值超过允许值都会引起相应的冲击电流与振荡过程，通常自动准同期装置的控制效果很好，因而使得这些差值很小。

2.2.2　准同期条件的分析

准同期条件是指图 2 - 1（a）中，QF1 触头闭合前的瞬间，发电机 G1 与母线 W（视作无穷大）间的滑差、角差与电压差值。它们对形成自动准同期的条件、捕捉并列的时机及可能产生的冲击等都有重要的影响，现分别分析如下。

1. 滑差

图 2 - 1（a）中，QF1 按准同期条件合上之前，待并发电机 G1 的电压 $\dot{U}_g$ 及其频率 f_g 与发电厂母线电压 $\dot{U}_s$ 及其频率 f_s 一般是不相等的。在并列过程中，两者的频率差用 f_{ss} 表示。显然，可令：

$$f_{ss} = f_g - f_s \qquad (2-1)$$

当两个交流电压的频率不等（但较接近）且具有公用接地点时，如图 2 - 2（a）

所示，一般用两个有相对旋转速度的矢量来表示它们，见图 2-2（b）。两个交流电压 $\dot{U}_g$、$\dot{U}_s$ 间的瞬时相角差 δ 就是图中两矢量间的夹角；两电压矢量间的相对电角速度称为滑差角速度（简称滑差），用 ω_s 表示。于是得：

$$\omega_s = \frac{\mathrm{d}\delta}{\mathrm{d}t} = \frac{\mathrm{d}(\varphi_g - \varphi_s)}{\mathrm{d}t} = \frac{2\pi \mathrm{d}(f_g - f_s t)}{\mathrm{d}t} = 2\pi(f_g - f_s) = 2\pi f_{ss} \quad (2-2)$$

式中 φ_g，φ_s——分别为发电机交流电压瞬时相角与母线交流电压的瞬时相角。

很显然，φ_s 是有正、负值的，其方向与所规定的参考矢量有关。图 2-2（b）中，以系统电压 $\dot{U}_s$ 为参考矢量，于是 $f_g > f_s$ 时，$\omega_s > 0$，而 $f_g < f_s$ 时，$\omega_s < 0$。反之若以 $\dot{U}_g$ 为参考矢量，则 ω_s 的方向恰好相反。

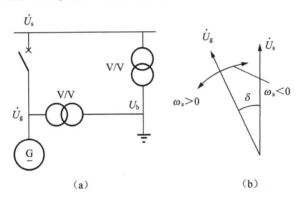

图 2-2　滑差电压原理图

滑差也可以用坐标值表示，即：

$$\omega_{s*} = \frac{2\pi f_{ss}}{2\pi f_s} = \frac{f_{ss}}{50} \quad (2-3)$$

ω_s 的百分值为：

$$\omega_s(\%) = 2f_{ss}(\%) \quad (2-4)$$

滑差周期为：

$$T_s = \frac{2\pi}{|\omega_s|} = \frac{1}{|f_{ss}|} \quad (2-5)$$

滑差或滑差周期都可以用来确定地表示待并发电机与系统之间频率差的大小。滑差大，则滑差周期短；滑差小，则滑差周期长。在有滑差的情况下，将机组投入电网，需经过一段加速或减速的过程，才能使机组与系统在频率上"同步"。加速或减速力矩会对机组造成冲击。显然，滑差越大，并列时的冲击就越大，因而应该严格限制并列时的滑差。我国在发电厂进行正常人工手动并列操作时，一般限制滑差周期在 10~16 s 范围内。

2. 角差

如果并列断路器触头闭合的瞬间，角差 δ 恰好为零，则前述同步并列的条件

（2）完全得到满足。因相角差而产生的并列冲击也为零。

但是断路器是由机械构件组成的，每次的闭合时间不可能完全一样，只能按照断路器机构的平均闭合时间进行整定；同时自动准同期装置也可能出现误差，这使得发电机不能每次都在 $\delta = 0$ 瞬间并列，图 2 - 3（c）表示，当 $\Delta f = 0$，$\Delta U = 0$ 时，而只有同步并列的条件（2）不能满足时，在并列断路器闭合前瞬间，电机电压与母线电压间存在着相角差 δ 的电压矢量图。图中的 $\Delta \dot{U}$ 将对发电机产生冲击电流，冲击电流的最大值为：

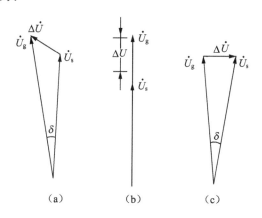

图 2 - 3　准同期条件的分析

（a）合闸瞬间电压矢量图；（b）仅有电压幅差的矢量图；（c）仅有电压角差的矢量图

$$i''_{\text{chmax}} = \frac{1.8\sqrt{2}\Delta U_s}{X''_q}\left(2\sin\frac{\delta}{2}\right) \approx \frac{1.8\sqrt{2}\Delta U_s \sin\delta}{X''_q} \qquad (2-6)$$

式中　ΔU_s——系统电压的有效值；

　　　X''_q——发电机 q 轴次暂态电抗，其值与发电机 d 轴次暂态电抗 X''_d 相近。

当 δ 很小时，有 $2\sin\dfrac{\delta}{2} \approx \sin\delta$。

此时的冲击电流属有功冲击电流，其矢量图见图 2 - 4。

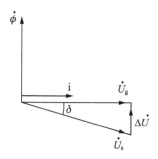

图 2 - 4　有功冲击电流矢量图

图 2 - 3（c）中的 δ 角一般称并列（或合闸）误差角，它产生的有功冲击

电流对汽轮机组的安全与寿命影响较大，机组容量越大，对 δ 值的限制越严。另一方面断路器动作时间的误差等因素，使并列允许滑差值与允许并列误差角间可能形成某种制约关系。

3. 压差

图 2-3（b）是只有同步并列的条件（3）得不到满足，发电机电压幅值与母线电压幅值不相等时的情形，即 $\Delta U \neq 0$。

图 2-5 表示由 ΔU 产生的将是无功冲击电流。冲击电流的最大值为：

$$i''_{\text{chmax}} = \frac{1.8\sqrt{2}(U_{\text{g}} - U_{\text{s}})}{X''_{\text{d}}} = \frac{2.55\Delta U}{X''_{\text{d}}} \tag{2-7}$$

式中　U_{g}——发电机电压的有效值；

　　　U_{s}——系统电压的有效值；

　　　ΔU——压差。

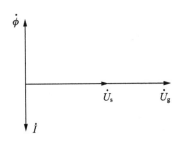

图 2-5　无功冲击电流矢量图

i''_{chmax} 随机组容量等可以有不同的规定值。为了保证机组的安全，我国曾规定压差并列冲击电流不允许超过空载时机端短路电流的 1/12～1/10。据此，得准同期并列的一个条件为：电压差 ΔU 不能超过额定电压的 5%～10%。现在一些巨型发电机组更规定 ΔU 在额定电压的 0.1% 以下，即希望尽量避免无功冲击电流。

当角差与压差同时存在时，并列时断路器触头间的电压矢量如图 2-3（a）的 $\Delta\dot{U}$，分析它对发电机组产生的冲击效果时，仍应将它分为有功冲击电流与无功冲击电流两部分，分别加以对待，如图 2-3（b）、（c）所示，因为这两部分电流的冲击效果出现在机组的不同部位。

2.2.3　自动准同期装置的功能

我国专用于自动准同期的装置有两种，微机同期装置与模拟式同期装置。它们一般都具有两种功能：一是自动检查待并发电机与母线之间的压差及频差是否符合并列条件，并在满足这两个条件时，能自动地提前发出合闸脉冲，使断路器主触头在 δ 为零的瞬间闭合。二是当压差、频差不合格时，能对待并发电机自动进行均压、均频，以加快进行自动并列的过程，但这一功能对联络线同期及多机共享的母线同期自动装置是不必要的，由于一般断路器的合闸机构为机械操作机构，从合闸命令发出，到断路器主触头闭合瞬间止，要经历一段合闸时间（此时间一般为 0.1~0.7 s），因而自动准同期装置在检查压差和频差已符合并列条件时，还必须在角差 δ 为零的时刻前，发出合闸命令（提前的时闸等于断路器的合闸时间）才能使断路器主触头闭合瞬间的相角差恰好为零，这一时段称为"越前时间"。由于该越前时间只需按断路器的合闸时间进行整定，与滑差及压差无关，故称其为"恒定越前时间"。在发电机的自动准同期装置中，恒定越前时间是它的关键部分，微机同期装置与模拟式同期装置在原理上虽基本相同，但技术方案却相差很大，下面将分别讨论它们。

2.3　数值角差、整步电压与越前时间

2.3.1　数值角差与越前时间

自动准同期装置在"恒定越前时间"瞬间发出进行并列命令的功能，都可以利用数值角差的时程来实现。并列时母线电压瞬时值为：

$$u_s = U_{sm}\sin(\omega_s t + \varphi_{s0}) \tag{2-8}$$

发电机电压瞬时值为：

$$u_g = U_{gm}\sin(\omega_g t + \varphi_{g0}) \tag{2-9}$$

式中　U_{sm}——系统电压的幅值；

　　　U_{gm}——发电机电压的幅值；

　ω_s，ω_g——U_s、U_g 的电角速度；

　　　φ_{s0}——系统电压的初相角；

　　　φ_{g0}——发电机电压的初相角。

母线电压瞬时值与发电机电压瞬时值之差为：

$$u_d = u_s - u_g \tag{2-10}$$

图 2-6 为用矢量表示的滑差电压图。

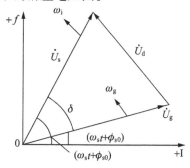

图 2-6　用矢量表示的滑差电压图

在有滑差的情况下，母线电压与发电机电压之间的相角差 δ 不为常数，而是时间 t 的函数，即

$$\delta(t) = \omega_s t + \varphi_{s0} - \varphi_{g0} = \omega_s t + \delta_0 \qquad (2-11)$$

随着 t 的进程，δ 从 0 到 2π 做周期性变化。微机自动准同期装置对 δ 做了数值测量。其原理如下：

图 2-7（a）表示不同相的两正弦电压，它们过零点的相角差正是需要的 δ，所以在微机自动准同期装置中一般都采用运算放大器的"过零电路"作为测量 δ 的基础。图 2-8（a）是过零电路原理图，当两个同相的正弦电压分别加在两个运算放大器的入口端时，出口则为两个过正弦波零点的矩形波，图 2-8（b）是利用逻辑接法从两个矩形波以获取角差 δ 的离散值的示意图，正半周的系统矩形波 u_{sd1} 与经过反相的发电机矩形波 u_{gd2} 接至同一个与门，而正半周的发电机矩形波 u_{gd1} 与经过反相的系统矩形波 u_{sd2} 接至另一个与门，它们都输入到同一个或门，这样就在一个正弦周期内，得到了两个 δ 的采样值，δ 的采样周期为 0.01 s。图 2-7（b）说明了其逻辑部分的时间关系。

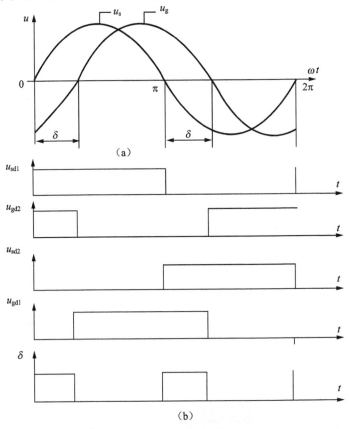

图 2-7　角差脉冲原理示意图

（a）正弦电压相角图；（b）过零矩形波获取角差图

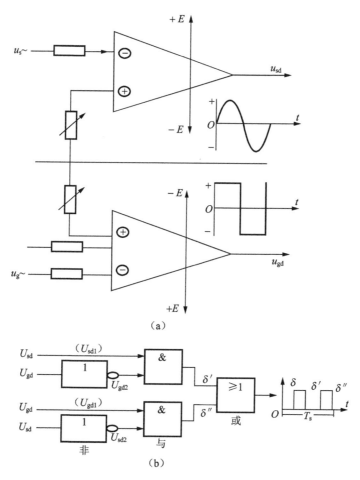

图 2-8　角差产生原理图

（a）电气部分；（b）逻辑部分

由图 2-7 知，当发电机与系统不同步时，δ 就在 0 到 2π 之间周而复始的变化。图 2-9 是在一个滑差周期内 δ 的时程图，恒定越前时间要求在某个 δ_i 值时，即时发出并列合闸命令，使断路器触头闭合瞬间的 δ 恰好为零。在控制理论上称这为对 δ 值为零的预报。预报的 δ_i 值的大小与滑差密切相关。滑差大，即 ω_s 大，则 δ_i 大；滑差小，则 δ_i 小。

2.3.2　线性整步电压与越前时间

线性整步电压是指其幅值在一周期内与角差 δ 分段按比例变化的电压，在模拟型自动准同期装置中，获得广泛应用，我国用得最多的是 ZZQ-5 型，它获取越前时间的方法，就是利用了图 2-9（c）所示的线性整步电压，是对图 2-9（b）的角差时程进行滤波后得到的。在 $\delta=0°$ 时，图 2-9（b）矩形波的宽度最大，而在 $\delta = 180°$ 时最小。由于模拟元件没有计数、存储及程序运行等功能，只有在把角差时程进行相应的处理，形成整步电压后，模拟元件才能对其进行各项准同期的自动检测与控制功能。

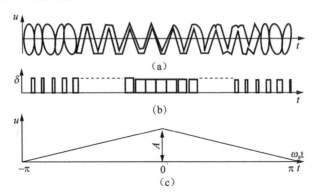

图 2 - 9　线性整步电压发生图

（a）u_{0-} 及 u_{g-} 瞬时值图；（b）δ 时程图；（c）线性整步电压 u_g 图

图 2 - 10 是 ZZQ - 5 型自动准同期装置的线性整步电压的工作原理电路。原理如下。

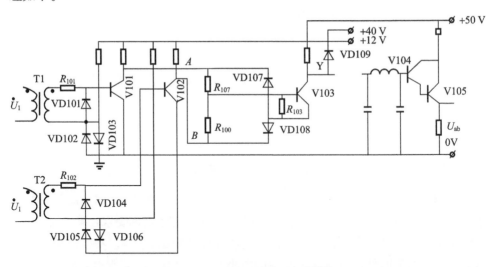

图 2 - 10　整步电压工作原理电路图

图 2 - 10 中电路由整形电路、相敏电路及滤波电路三部分组成，由 VD101、VD102 及 VD103 构成相敏电路，其特性是：当三极管 V103 的基极电压为零时，其集电极的输出电压为最大；反之则为零。表 2 - 1 为 V103 输出真值表，图 2 - 9（b）是其时程图，经滤波后，输出的线性整步电压如图 2 - 9（c）所示。这样的线性整步电压的特性可以用下述的方程组表述其特性，即：

$$u_s = u_{V105} = \frac{A}{\pi}(\pi + \omega_s t) \quad (-\pi \leqslant \omega_s t \leqslant 0) \qquad (2-12)$$

$$u_s = u_{V105} = \frac{A}{\pi}(\pi - \omega_s t) \quad (0 \leqslant \omega_s t \leqslant \pi) \qquad (2-13)$$

表 2-1　V103 输出真值表

u_{sd}	u_{gd}	u_{V105}
0	0	1
0	1	0
1	0	0
1	1	1

这是一个分段线性的整步电压,其恒定越前时间的比例微分电路如图 2-11 所示。

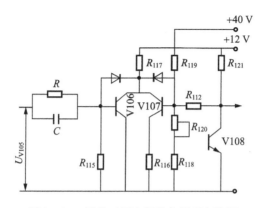

图 2-11　越前时间比例微分原理电路图

当线性整步电压加至图 2-11 的比例微分电路的输入端后,在电阻 R_{115} 上的输出电压可以用叠加原理求出,即为图 2-12(d)和图 2-12(e)输出电压 u_3' 与 u_3'' 的叠加。

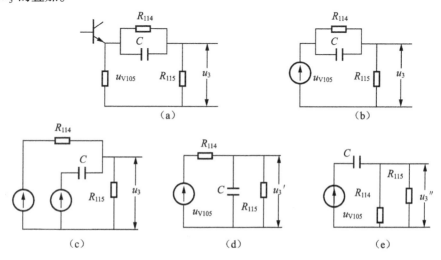

图 2-12　恒定越前时间的叠加原理电路图

在图 2 - 12（d）中，由于电容的容量较小，容抗较大，其作用可以忽略。由于待求量只是 $\delta = 0$ 瞬间的越前时间，故可以只讨论整步电压在（ $-\pi \leqslant \omega_s t \leqslant 0$）段的特性，得：

$$u_3' = \frac{R_{115}}{R_{114} + R_{115}} \times \frac{A}{\pi}(\pi + \omega_s t_d) \qquad (2-14)$$

在图 2 - 12（e）中，若：

$$T_s \gg \frac{R_{114} R_{115}}{R_{114} + R_{115}} C \qquad (2-15)$$

则：

$$u_3'' = \frac{R_{115} R_{114}}{R_{114} + R_{115}} C \times \frac{A}{\pi} \omega_s \qquad (2-16)$$

若电平检测器的翻转电平为 $\dfrac{R_{115}}{R_{114} + R_{115}} A$，翻转时间为 t_d，则动作的临界条件为：

$$u_3' + u_3'' = \frac{R_{115}}{R_{114} + R_{115}} A \qquad (2-17)$$

即：

$$\frac{R_{115}}{R_{114} + R_{115}} \times \frac{A}{\pi}(\pi + \omega_s t_d) + \frac{A\omega_s}{\pi} \times \frac{R_{114} R_{115}}{R_{114} + R_{115}} C = \frac{R_{115}}{R_{114} + R_{115}} A \quad (2-18)$$

得：

$$1 + \frac{\omega_s t_d}{\pi} + \frac{\omega_s R_{114} C}{\pi} = 1 \qquad (2-19)$$

$$\omega_s t_d + \omega_s R_{114} C = 0 \qquad (2-20)$$

最后有：

$$t_d = -R_{114} C \qquad (2-21)$$

上式说明电平检测器翻转瞬间的 t_d 值与 ω_s 无关，是仅与 R_{114} 及 C 的数值有关的常量；右端的负号与所取的时间标尺相反，即为"越前时间"，故为恒定越前时间。图 2 - 12 表示在不同滑差周期下越前时间能够恒定的原理示意图，虽然两个周期的 u_3' 幅值相同，但 u_3'' 幅值相差较大，因而在虚线表示的电平检测器翻转瞬间，能够获得恒定的越前时间。当断路器的合闸时间不同时，可以分别整定 R_{114} 与 C 的数值，以获得相应的越前时间，使并列瞬间相角差为零，对图 2 - 9（c）的线性整步电压进行微分，求其越前时间，在一定的匀速滑差范围内，误差是比较小的，但不宜用于有加速度的滑差情况。这是因为线性整步电压是从离散的角差时程滤波而来，而滤波总是会残留一些高频成分的。严格说来，整步电压应为：

$$u_s = \frac{A}{\pi}(\pi + \omega_s t) + B\sin\omega_0 t \qquad (-\pi \leqslant \omega_s t \leqslant 0) \qquad (2-22)$$

其中：

（1）ω_0 为残留的高频成分，$\omega_0 = 2\pi f_0$，而 f_0 为 δ 的采样频率，等于 100 Hz。

（2）$A \gg B$，所以噪声比很小，但是经过微分电容后，由：

$$\frac{\mathrm{d}u_\mathrm{s}}{\mathrm{d}t} = \frac{\omega_\mathrm{s}A}{\pi} + \omega_0 B\cos\omega_0 t \qquad (2-23)$$

可得：

$$\frac{B}{A} \ll \frac{\omega_0 B}{\omega_\mathrm{s}A} \qquad (2-24)$$

2.3.3　滑差检测与压差检测

微机同期与模拟同期用于检测滑差与压差的原理可以是相同的。其原理可以用图 2-13 来说明。图 2-13 表示了三个不同滑差周期下，δ_i 与断路器合闸时间 t_d 的关系。设 T_s2 是最大允许滑差周期，此时与 t_d 对应的角差值为 δ_2；图中 T_s1 是不合格、不允许并列的滑差，此时与越前时间对应的角差为 δ_1；T_s3 属合格、允许并列的滑差，此时对应于 t_d 的角差为 δ_3，显然，必有 $\delta_1 > \delta_2 > \delta_3$。$\delta_2$ 是最大允许误差并列角 δ_dm，是已知的，所以微机准同期装置可以在测知 $\delta_\mathrm{i} \leqslant \delta_2$ 或 $\delta_\mathrm{i} \leqslant \frac{3}{2}\delta_2$ 后，才启动越前时间的预报程序。如果用的是微分预报，当时的滑差过大，只有属 δ_s 这一类角差才能满足，而在 $\delta_\mathrm{i} > \delta_2$ 的范围内，是无法满足的，因而不会发出并列命令；如果用的是积分预报，则在 $\delta_\mathrm{i} \leqslant \frac{3}{2}\delta_2$ 的范围内，是无法满足的，因而也不会发出并列命令。所以，只有当滑差等于或小于最大允许值时，才会出现满足的 δ_i，在此瞬间发出并列命令，使断路器触头在 $\delta = 0$ 时闭合。

微机同期装置的电压差检测一般都较为简单，只需用整流滤波的方法，将 $\dot{U}_\mathrm{s}$ 与 $\dot{U}_\mathrm{g}$ 都变成相应的直流电压，然后使用模-数转换芯片，将其变成数值，送入微机的比较程序即可。若差值在允许范围内，同期程序继续运行；若发现 ΔU 超出允许范围，则立刻中断同期程序；同时也可以根据比较值的正、负，确定发电机应该增压还是减压。

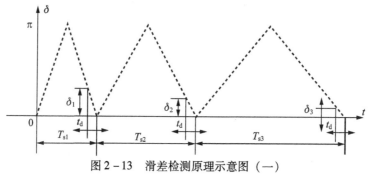

图 2-13　滑差检测原理示意图（一）

模拟式自动准同期装置由于没有存储器及程序运行等设施及功能，只能使用触发器翻转的先后次序或相互间的电位闭锁等来完成滑差和压差的检测任务，电路就会较为复杂些。

图2-14是利用图2-9（c）的线性整步电压进行滑差检测的原理示意图。在 $-\pi \le \delta_i \le 0$ 的范围内，u_s 越小则对应的角差越大，u_s 为顶值时，δ_i 为零，它们之间是单值关系。所以，当 u_s 为一定值时，即等于确定了相应的 δ 值，而在 δ 为零之前的角差，称为越前相角。图2-14表示了在不同滑差下（越前相角值与滑差无关，是恒定的）越前相角与 t_d 的关系，图中清楚地表明随着滑差周期的不断加大。越前相角检测器动作的越前时间也随之不断加大。由 $\delta_i = \omega_s t_i$ 知，当越前相角恒定时，其到达的越前时间与 ω_s 成反比，于是可将图2-14中的 u_s，按最大允许滑差 T_{s2} 下恒定越前时间 t_d 所对应的角差的整步电压值进行整定，就有 $t_2 = t_d$。ZZQ-5型模拟式自动准同期装置就是这样利用触发器翻转的先后次序来检测并列时滑差的条件的。

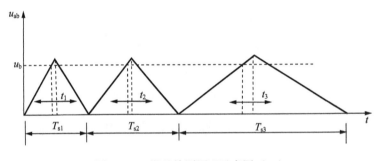

图2-14　滑差检测原理示意图（二）

2.4　自动准同期装置的基本要求

为完成并列操作自动化的任务。一般自动准同期装置均能满足如下的基本技术要求。

（1）在滑差及电压差均合格时，自动准同期装置应在恒定越前时间"t_d"瞬间发出合闸命令，使断路器在"$\delta = 0$"时闭合。

（2）滑差或电压差任一不合格，或两者均不合格时，虽然恒定越前时间"t_d"到达，自动准同期装置也不会发出合闸命令。

（3）在完成上述两项基本要求后，还可以考虑使自动准同期装置具有均压和均频的功能。如果滑差不合格是由于发电机频率过低，自动准同期装置能够发出增速脉冲，加快发电机组的转速，直至滑差达到准同期的要求；反之，当发电机频率过高时，自动准同期装置又能够发出减速脉冲，以使滑差达到准同期要求。对电压差也有类似的功能。

　　自动准同期装置利用讨论过的滑差检查、压差检查及恒定越前时间的原理，通过程序运行或时间 – 逻辑电路，按照一定的控制策略进行同期工作。它能圆满地完成上述的基本要求。

项目一

发电机组的启动与运转操作

一、项目目标

(1) 了解微机调速装置的工作原理,掌握其操作方法。

(2) 熟悉发电机组中原动机(直流电动机)的基本特性。

(3) 掌握发电机组起励建压、并网、解列和停机的操作。

二、项目说明

在本实验平台中,原动机采用直流电动机模拟工业现场的汽轮机或水轮机,调速系统用于调整原动机的转速和输出的有功功率,励磁系统用于调整发电机电压和输出的无功功率。

图 2-15 为调速系统的原理结构示意图,图 2-16 为励磁系统的原理结构示意图。

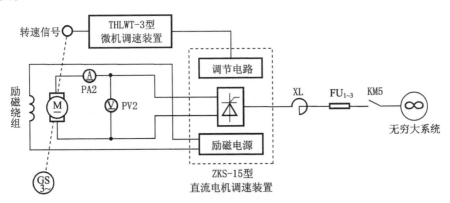

图 2-15 调速系统原理结构示意图

装于原动机上的编码器将转速信号以脉冲的形式送入 THLWT-3 型微机调速装置,该装置将转速信号转换成电压,与给定电压一起送入 ZKS-15 型直流电机调速装置,采用双闭环来调节原动机的电枢电压,最终改变原动机的转速和输出功率。

发电机出口的三相电压信号送入电量采集模块 1,三相电流信号经电流互感器也送入电量采集模块 1,信号被处理后,计算结果经 485 通信口送入微机励磁

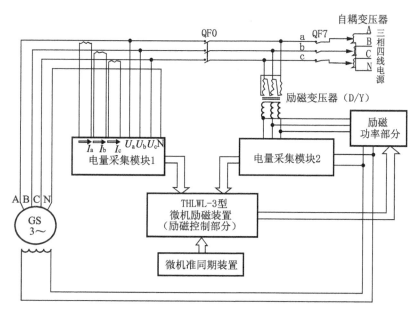

图 2-16　励磁系统的原理结构示意图

装置；发电机励磁交流电流部分信号、直流励磁电压信号和直流励磁电流信号送入电量采集模块 2，信号被处理后，计算结果经 485 通信口送入微机励磁装置；微机励磁装置根据计算结果输出控制电压，来调节发电机励磁电流。

三、项目内容与步骤

1. 发电机组起励建压

（1）先将实验台的电源插头插入控制柜左侧的大四芯插座（两个大四芯插座可通用），接着依次打开控制柜的"总电源""三相电源"和"单相电源"的电源开关；再打开实验台的"三相电源"和"单相电源"开关。

（2）将控制柜上的"原动机电源"开关旋到"开"的位置，此时，实验台上的"原动机启动"光字牌点亮，同时，原动机的风机开始运转，发出"呼呼"的声音。

（3）按下 THLWT-3 型微机调速装置面板上的"自动/手动"键，选定"自动"方式，开机默认方式为"自动方式"。

（4）按下 THLWT-3 型微机调速装置面板上的"启动"键，此时，装置上的增速灯闪烁，表示发电机组正在启动。当发电机组转速上升到 1 500 r/min 时，THLWT-3 型微机调速装置面板上的增速灯熄灭，启动完成。

（5）当发电机转速接近或略超过 1 500 r/min 时，可手动调整使转速为 1 500 r/min，即按下 THLWT-3 型微机调速装置面板上的"自动/手动"键，选定"手动"方式，此时"手动"指示灯会被点亮。按下 THLWT-3 型微机调速装置面板上的"＋"键或"－"键即可调整发电机转速。

（6）发电机起励建压有 3 种方式，可根据实验要求选定。一是手动励磁起励建压；二是常规励磁起励建压；三是微机励磁起励建压。发电机建压后的值可由用户设置，此处设定为发电机额定电压 400 V，具体操作如下。

①手动励磁起励建压。

●选定"励磁调节方式"和"励磁电源"。将实验台上的"励磁调节方式"旋钮旋到"手动调压"，"励磁电源"旋钮旋到"他励"。

●打开励磁电源。将控制柜上的"励磁电源"打到"开"。

●建压。调节实验台上的"手动调压"旋钮，逐渐增大，直到发电机电压（线电压）达到设定的发电机电压。

②常规励磁起励建压。

●选定"励磁方式"和"励磁电源"。将实验台上的"励磁方式"旋钮旋到"常规控制"，"励磁电源"旋钮旋到"自并励"或"他励"。

●重复手动励磁起励建压步骤的第二步。

●励磁电源为"自并励"时，需起励才能使发电机建压。先逐渐增大给定，可调节 THLCL－2 常规可控励磁装置面板上的"给定输入"旋钮，逐渐增大到 3.5 V 左右，按下 THLCL－2 常规可控励磁装置面板上的"起励"按钮然后松开，可以看到控制柜上的"发电机励磁电压"表和"发电机励磁电流"表的指针开始摆动，逐渐增大给定，直到发电机电压达到设定的发电机电压。

●励磁电源为"他励"时，无须起励，直接建压。逐渐增大给定，可调节 THLCL－2 常规励磁装置面板上的"给定输入"旋钮，逐渐增大，直到发电机电压达到设定的发电机电压。

③微机励磁起励建压。

●选定"励磁方式"和"励磁电源"。将实验台上的"励磁方式"旋钮旋到"微机控制"，"励磁电源"旋钮旋到"自并励"或"他励"。

●检查 THLWL－3 微机励磁装置显示菜单的"系统设置"的相关参数和设置。具体如下：

"励磁调节方式"设置为实验要求的方式，此处为"恒 U_g"；

"恒 U_g 预定值"设置为设定的发电机电压，此处为发电机额定电压；

"无功调差系数"设置为"＋0"。

具体操作见 THLWL－3 微机励磁装置使用说明书。

●按下 THLWL－3 微机励磁装置面板上的"启动"键，发电机开始起励建压，直至 THLWL－3 微机励磁装置面板上的"增磁"指示灯熄灭，表示起励建压完成。

2. 发电机组停机

（1）减小发电机励磁至 0。

（2）按下 THLWT - 3 微机调速器装置面板上的"停止"键。

（3）当发电机转速减为 0 时，将 THLZD - 2 电力系统综合自动化控制柜面板上的"励磁电源"打到"关"，"原动机电源"打到"关"。

3. 发电机组并网

（1）首先投入无穷大系统，将实验台上的"发电机运行方式"切至"并网"方式。打开控制柜的"总电源""三相电源"和"单相电源"的电源开关；再打开实验台的"三相电源"和"单相电源"开关。

（2）发电机与系统间的线路有"单回"和"双回"可选。根据实验要求选定一种，此处选"单回"。单回：断路器 QF1 和 QF3（或者 QF2、QF4 和 QF6）处于"合闸"状态，其他处断路器处于"分闸"状态；双回：断路器 QF1、QF2、QF3、QF4 和 QF6 处于"合闸"状态，其他处断路器处于"分闸"状态。

（3）合上断路器 QF7，调节自耦调压器的手柄，逐渐增大输出电压，直到接近发电机电压。

（4）投入同期表。将实验台上的"同期表控制"旋钮打到"投入"状态。

（5）发电机组并网有 3 种方式，可根据实验要求选定。一是手动并网；二是半自动并网；三是自动并网。为了保证发电机在并网后不进相运行，并网前应使发电机的频率和电压略大于系统的频率和电压。

①手动并网。

所谓"手动并网"，就是手动调整频差和压差，满足条件后，手动操作并网断路器实现并网。

● 选定"同期方式"。将实验台上的"同期方式"旋钮旋到"手动"状态。

● 观测同期表的指针旋转。同期时，以系统为基准，$f_g > f_s$ 时同期表的相角指针顺时针旋转，频率指针转到"＋"的部分；$U_g > U_s$ 时压差指针转到"＋"。反之相反。f_g 和 U_g 表示发电机频率和电压；f_s 和 U_s 表示系统频率和电压。

根据同期表指针的位置，手动调整发电机的频率和电压，直至频率指针和压差指针指向"0"位置。表示频率差和压差接近于"0"，此时相角指针转动缓慢，当相角指针转至中央刻度时，表示相角差为"0"，此时按下断路器 QF0 的"合闸"按钮。完成手动并网。

②半自动并网。

所谓"半自动并网"，就是手动调整频差和压差至满足条件后，系统自动操作并网断路器实现并网。

● 选定"同期方式"。将 THLZD - 2 电力系统综合自动化实验台上的"同期方式"旋钮旋到"半自动"状态。

● 检查 THLWZ - 2 微机准同期装置的系统设置菜单的"系统设置"的相关参数和设置。具体如下：

"导前时间"设置为 200 ms；

"允许频差"设置为 0.3 Hz;

"允许压差"设置为 2 V;

"自动调频"设置为"退出";

"自动调压"设置为"退出";

"自动合闸"设置为"投入"。

上述的设置操作可参见实验台指导书的附录八,同时,还需设置合闸时间,即设定THLZD - 2电力系统综合自动化实验台上的"QF0 合闸时间设定"为 0.11 ~ 0.12 s(考虑控制回路继电器的动作时间),该时间继电器的显示格式为 00.00 s。如实验中对上述参数没有要求,为了延长设备的寿命,一律按上述设置设定。

- 投入微机准同期。按下 THLWZ - 2 微机准同期装置面板上的"投入"键。
- 根据 THLWZ - 2 微机准同期显示的值,手动调整频差和压差,满足条件后自动并网。

③自动并网。

所谓"自动并网",就是自动调整频差和压差,满足条件后,自动操作并网断路器,实现并网。

- 选定"同期方式"。将 THLZD - 2 电力系统综合自动化实验台上的"同期方式"旋钮旋到"自动"状态。
- 检查 THLWZ - 2 微机准同期装置的系统设置内显示菜单的"系统设置"的相关参数和设置。具体如下:

"导前时间"设置为 200 ms;

"允许频差"设置为 0.3 Hz;

"允许压差"设置为 2 V;

"自动调频"设置为"投入";

"自动调压"设置为"投入";

"自动合闸"设置为"投入"。

上述设置的操作可参见实验台指导书的附录八,同时,还需设置合闸时间,即设定 THLZD - 2 电力系统综合自动化实验台上的"QF0 合闸时间设定"为 0.11 ~ 0.12 s(考虑控制回路继电器的动作时间),该时间继电器的显示格式为 00.00 s。如实验中对上述参数没有要求,为了延长设备的寿命,一律按上述设置设定。

- 投入微机准同期。按下 THLWZ - 2 微机准同期装置面板上的"投入"键。
- 检查 THLWT - 3 微机调速装置和 THLWL - 3 微机励磁装置是否处于"自动"状态,如果不是,调整到"自动"状态,操作可参见 THLWT - 3 微机调速装置使用说明书和 THLWL - 3 微机励磁装置使用说明书。
- 满足条件后,并网完成。
- 退出同期表。将 THLZD - 2 电力系统综合自动化实验台上的"同期表控

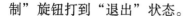

制"旋钮打到"退出"状态。

4. 发电机组发出有功功率和无功功率

（1）调节励磁装置，调整发电机组发出的无功功率，使 $Q = 0.75$ kVar。具体操作如下。

①手动励磁：调节 THLZD - 2 电力系统综合自动化实验台上的"手动调压"旋钮，逐步增大励磁，直到达到要求的无功值。

②常规励磁：调节 THLCL - 2 常规可控励磁装置面板上的"给定输入"旋钮，逐步增大给定，直至达到要求的无功值。

③微机励磁：多次按下 THLWL - 3 微机励磁装置面板上的" + "键，逐步增大励磁，直至达到要求的无功值。

（2）调节调速器，调整发电机组发出的有功功率，具体操作：多次按下 THLWT - 3 微机调速装置" + "键，逐步增大发电机有功输出，使 $P = 1$ kW。

5. 发电机组解列

（1）将发电机组输出的有功功率和无功功率减为 0。具体操作如下。

① 多次按下 THLWT - 3 微机调速装置" - "键，逐步减少发电机有功输出，直至有功功率接近 0。

② 调节励磁，减小无功。多次按下 THLWL - 3 微机励磁装置面板上的" - "键，逐步减少发电机无功输出，直至无功功率接近于 0。

备注：在调整过程中，注意不要让发电机进相。

（2）按下 THLZD - 2 电力系统综合自动化实验台上的断路器 QF0 的"分闸"按钮，将发电机组和系统解列，然后发电机停机。

6. 发电机组组网运行

该功能是配合 THLDK - 2 电力系统监控实验台而设定的。

（1）将 THLZD - 2 电力系统综合自动化实验台上的"发电机运行方式"切至"联网"方式。

（2）将 THLZD - 2 电力系统综合自动化实验台左侧的电缆插头接入 THLDK - 2 电力系统监控实验台。

（3）重复"发电机组起励建压"步骤。

（4）采用手动并网方式，将发电机组并入 THLDK - 2 电力系统监控实验台上的电力网。具体操作参见 THLDK - 2 电力系统监控实验指导书。

四、总结与提高

（1）为什么发电机组送出有功功率和无功功率时，先送无功功率？

（2）为什么要求发电机组输出的有功功率和无功功率为 0 时才能解列？

项目二

同步发电机准同期并列运行

任务一　手动准同期并网

一、任务目标

（1）加深理解同步发电机准同期并列运行原理，掌握准同期并列条件。

（2）掌握手动准同期的概念及并网操作方法，准同期并列装置的分类和功能。

（3）熟悉同步发电机手动准同期并列过程。

二、任务说明

在满足并列条件的情况下，只要控制得当，采用准同期并列方法可使冲击电流很小且对电网扰动甚微，故准同期并列方式是电力系统运行中的主要并列方式。准同期并列要求在合闸前通过调整待并发电机组的电压和转速，当满足电压幅值和频率条件后，根据"恒定越前时间原理"，由运行操作人员手动或由准同期控制器自动选择合适时机发出合闸命令，这种并列操作的合闸冲击电流一般很小，并且机组投入电力系统后能被迅速拉入同步。

依并列操作的自动化程度，又可分为手动准同期、半自动准同期和全自动准同期3种方式。

正弦整步电压是不同频率的两正弦电压之差，其幅值做周期性的正弦规律变化。它能反映发电机组与系统间的同步情况，如频率差、相角差以及电压幅值差。线性整步电压反映的是不同频率的两方波电压间相角差的变化规律，其波形为三角波。它能反映电机组与系统间的频率差和相角差，并且不受电压幅值差的影响，因此得到广泛应用。

手动准同期并列，应在正弦整步电压的最低点（相同点）时合闸，考虑到断路器的固有合闸时间，实际发出合闸命令的时刻应提前一个相应的时间或角度。

自动准同期并列，通常采用恒定越前时间原理工作，这个越前时间可按断路器的合闸时间整定。准同期控制装置根据给定的允许压差和允许频差，不断地检测准同期条件是否满足，在不满足要求时，闭锁合闸并且发出均压、均频控制脉冲。当所有条件均满足时，在整定的越前时间送出合闸脉冲。

三、任务内容与步骤

选定实验台面板上的旋钮开关的位置：将"励磁方式"旋钮开关打到"微机励磁"位置；将"励磁电源"旋钮开关打到"他励"位置；将"同期方式"旋钮开关打到"手动"位置。微机励磁装置设置为"恒 U_g"控制方式。

（1）发电机组起励建压，使 $n=1\,485$ r/min；$U_g=390$ V。

将自耦调压器的旋钮逆时针旋至最小。按下 QF7 合闸按钮，观察实验台上系统电压表，顺时针旋转旋钮至显示线电压 400 V，然后按下 QF1 和 QF3 合闸按钮。

（2）在手动准同期方式下，发电机组的并列运行操作。

在这种情况下，要满足并列条件，需要手动调节发电机电压、频率，直至电压差、频差在允许范围内，相角差在零度前某一合适位置时，手动操作合闸按钮进行合闸。

①将实验台上的"同期表控制"旋钮打到"投入"状态。投入模拟同期表。观察模拟式同期表中，频差和压差指针的偏转方向和偏转角度，以及和相角差指针的旋转方向。

②按下微机调速装置上的"＋"键进行增频，同期表的频差指针接近于零；此时同期表的压差指针也应接近于零，否则，调节微机励磁装置。

③观察整步表上指针位置，当相角差指针旋转至接近 0° 位置时（此时相差也满足条件），手动按下 QF0 合闸，合闸成功后，并网指示灯闪烁蜂鸣。观察并记录合闸时的冲击电流。

将并网前的初始条件调整为：发电机端电压为 410 V，$n=1\,515$ r/min，重复以上实验，注意观察各种实验现象。

（3）在手动准同期方式下，偏离准同期并列条件，发电机组的并列运行操作。

本实验分别在单独一种并列条件不满足的情况下合闸，记录功率表冲击情况。

①电压差、相角差条件满足，频率差不满足，在 $f_g>f_s$ 和 $f_g<f_s$ 时手动合闸，观察并记录实验台上有功功率表 P 和无功功率表 Q 指针偏转方向及偏转角度大小，分别填入表 2 - 2 中；注意：频率差不要大于 0.5 Hz。

②频率差、相角差条件满足，电压差不满足，$U_g>U_s$ 和 $U_g<U_s$ 时手动合闸，观察并记录实验台上有功功率表 P 和无功功率表 Q 指针偏转方向及偏转角度大小，分别填入表 2 - 2；注意：电压差不要大于额定电压的 10%。

③频率差、电压差条件满足，相角差不满足，顺时针旋转和逆时针旋转时手

动合闸，观察并记录实验台上有功功率表 P 和无功功率表 Q 指针偏转方向及偏转角度大小，分别填入表2-2。注意：相角差不要大于30°。

表2-2 偏离准同期并列条件并网操作时，发电机组的功率方向变化表

参数 \ 状态	$f_g > f_s$	$f_g < f_s$	$U_g > U_s$	$U_g < U_s$	顺时针	逆时针
P/kW						
Q/kVar						

④发电机组的解列和停机。

四、总结与提高

（1）根据实验步骤，详细分析手动准同期并列过程。

（2）根据实验数据，比较满足同期并列条件与偏离准同期并列条件合闸时，对发电机组和系统并列时的影响。

任务二 半自动准同期并网

一、任务目标

（1）加深理解同步发电机准同期并列原理，掌握准同期并列条件。

（2）掌握半自动准同期装置的工作原理及使用方法。

（3）熟悉同步发电机半自动准同期并列过程。

二、任务说明

为了使待并发电机组满足并列条件，完成并列自动化的任务，自动准同期装置需要满足以下基本技术要求。

（1）在频差及电压差均满足要求时，自动准同期装置应在恒定越前时间瞬间发出合闸信号，使断路器在 $\delta_e = 0$ 时闭合。

（2）在频差或电压差有任一满足要求时，或都不满足要求时，虽然恒定越前时间到达，自动准同期装置不发出合闸信号。

（3）在完成上述两项基本技术要求后，自动准同期装置要具有均压和均频的功能。如果频差满足要求，是发电机的转速引起的，此时自动准同期装置要发出均频脉冲，改变发电机组的转速。如果电压差不满足要求，是发电机的励磁电流引起的，此时自动准同期装置要发出均压脉冲，改变发电机的励磁电流的大小。

同步发电机的自动准同期装置按自动化程度可分为：半自动准同期并列装置

和自动准同期并列装置。

半自动准同期并列装置没有频差调节和压差调节功能。并列时，待并发电机的频率和电压由运行人员监视和调整，当频率和电压都满足并列条件时，并列装置就在合适的时间发出合闸信号。它与手动并列的区别仅仅是合闸信号由该装置经判断后自动发出，而不是由运行人员手动发出。

三、任务内容与步骤

选定实验台面板上的旋钮开关的位置：将"励磁方式"旋钮开关打到"微机励磁"位置；将"励磁电源"旋钮开关打到"他励"位置；将"同期方式"旋钮开关打到"半自动"位置。微机励磁装置设置为"恒 U_g"控制方式；"手动"方式。

（1）发电机组起励建压，使 $n = 1\,480$ r/min；$U_g = 400$ V。

（2）查看微机准同期的各整定项是否为出厂设置。如果不符，则进行相关修改。然后，修改准同期装置中的整定项：

"自动调频"：退出；

"自动调压"：退出；

"自动合闸"：投入。

注：QF0 合闸时间整定继电器设置为 t_d －（40～60 ms）。t_d 为微机准同期装置的导前时间设置，出厂设置为 100 ms，所以时间继电器设置为 40～60 ms。

（3）在半自动准同期方式下，发电机组的并列运行操作。

在这种情况下，要满足并列条件，需要手动调节发电机电压、频率，直至电压差、频差在允许范围内，相角差在零度前某一合适位置时，微机准同期装置控制合闸按钮进行合闸。

①观察微机准同期装置压差闭锁和升压及降压指示灯的变化情况。升压指示灯亮，相应操作微机励磁装置上的"＋"键进行升压，直至"压差闭锁"灯熄灭；降压指示灯亮，相应操作微机励磁装置上的"－"键进行降压，直至"压差闭锁"灯熄灭。此调节过程中，观察并记录压差减小过程中，模拟式同期表中，电压平衡表指针的偏转方向和偏转角度大小的变化情况。

②观察微机准同期装置频差闭锁和加速及减速指示灯的变化情况。加速指示灯亮，相应操作微机调速装置上的"＋"键进行增频，直至"频差闭锁"灯熄灭；减速指示灯亮，相应操作微机励磁装置的"－"键进行减频，直至"频差闭锁"灯熄灭。此调节过程中，观察并记录频差减小过程中，模拟式同期表中，频差平衡表指针的偏转方向和偏转角度大小的变化，以及相位差指针旋转方向及旋转速度情况。

③"压差闭锁"和"频差闭锁"灯熄灭，表示压差、频差均满足条件，微机装置自动判断相差也满足条件时，发出 QF0 合闸命令，QF0 合闸成功后，并网指

示灯闪烁蜂鸣。观察并记录合闸时的冲击电流。

将并网前的初始条件调整为：发电机端电压为 410 V，$n = 1\ 515$ r/min，重复以上实验，注意观察各种实验现象。

④发电机组的解列和停机。

四、总结与提高

（1）根据实验步骤，详细分析半自动准同期并列过程。

（2）通过实验过程，分析半自动准同期与手动准同期的异同点。

任务三　自动准同期并网

一、任务目标

（1）加深理解同步发电机准同期并列原理，掌握准同期并列条件。

（2）掌握自动准同期装置的工作原理及使用方法。

（3）熟悉同步发电机准同期并列过程。

二、任务说明

自动准同期并列装置设置与半自动准同期并列装置相比，增加了频差调节和压差调节功能，自动化程度大大提高。其原理框图如图 2 – 17 所示。

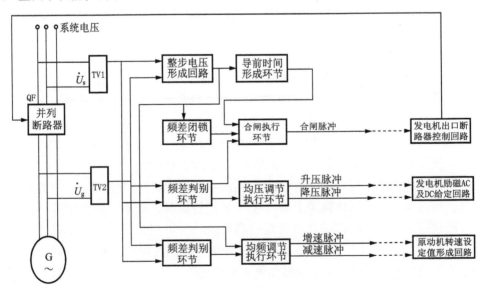

图 2 – 17　自动准同期并列装置的原理框图

微机准同期装置的均频调节功能，主要实现滑差方向的检测以及调整脉冲展宽，向发电机组的调速机构发出准确的调速信号，使发电机组与系统间尽快满足允许并列的要求。

微机准同期装置的均压调节功能，主要实现压差方向的检测以及调整脉冲展宽，向发电机的励磁系统发出准确的调压信号，使发电机组与系统间尽快满足允许并列的要求。此过程中要考虑励磁系统的时间常数，电压升降平稳后，再进行一次均压控制，以使压差达到较小的数值，更有利于平稳地进行并列。

三、任务内容与步骤

选定实验台上面板的旋钮开关的位置：将"励磁方式"旋钮开关打到"微机励磁"位置；将"励磁电源"旋钮开关打到"他励"位置；将"同期方式"旋钮开关打到"自动"位置。微机励磁装置设置为"恒 U_g"控制方式；"自动"方式。

（1）发电机组起励建压，使 $n = 1\,480$ r/min；$U_g = 400$ V。

（2）查看微机准同期各整定项是否为出厂设置。如果不符，则进行相关修改。然后，修改准同期装置中的整定项：

"自动调频"：投入；

"自动调压"：投入；

"自动合闸"：投入。

（3）在自动准同期方式下，发电机组的并列运行操作。

在这种情况下，要满足并列条件，需要微机准同期装置自动控制微机调速装置和微机励磁装置，调节发电机电压、频率，直至电压差、频差在允许范围内，相角差在零度前某一合适位置时，微机准同期装置控制合闸按钮进行合闸。

①微机准同期装置的其他整定项（导前时间整定、允许频差、允许压差）分别按表 2-3、表 2-4、表 2-5 修改。

注：QF0 合闸时间整定继电器设置为 $t_d - (40 \sim 60$ ms）。t_d 为微机准同期装置的导前时间设置。

②操作微机励磁装置上的增、减速键和微机励磁装置升、降压键，$U_g = 410$ V，$n = 1\,515$ r/min，待电机稳定后，按下微机准同期装置投入键。

观察微机准同期装置当"升速"或"降速"命令指示灯亮时，微机调速装置上有什么反应；当"升压"或"降压"命令指示灯亮时，微机励磁调节装置上有什么反应。

微机准同期装置"升压""降压""增速""减速"命令指示灯亮时，观察本记录旋转灯光整步表灯光的旋转方向、旋转速度，以及发出命令时对应的灯光的位置。微机准同期装置压差、频差、相差闭锁与"升压""降压""增速""减速"灯的对应点亮关系，以及与旋转灯光整步表灯光的位置。

注：当一次合闸过程完毕，微机准同期装置会自动解除合闸命令，避免二次

合闸。此时若要再进行微机准同期并网，须按下"复位"按钮。

表2-3 微机准同期装置导前时间整定值与并网冲击电流的关系

导前时间设置 t_d/s	0.1	0.3	0.5
冲击电流 I_m/A			

表2-4 微机准同期装置允许频差与并网冲击电流的关系

允许频差 f_d/Hz	0.3	0.2	0.1
冲击电流 I_m/A			

表2-5 微机准同期装置允许压差与并网冲击电流的关系

允许压差 U_d/V	5	3	1
冲击电流 I_m/A			

（4）发电机组的解列和停机。

四、总结与提高

（1）根据实验内容分析自动准同期的工作原理及过程。

（2）通过实验，分析自动准同期、半自动准同期与手动准同期的异同点。

第 3 章

同步发电机励磁自动控制

同步发电机是一种直接将旋转机械能转换成交流电能的旋转机械，能量的转换与传递是在一定的磁场中进行的，而磁场的大小对同步发电机运行参数，特别是发电机的端电压及输出无功功率的大小有着极为重要的影响，同步发电机中的磁场是由同步发电机的励磁系统建立和控制的。通常把产生这个磁场的直流电流称为励磁电流，也成为转子电流。本章重点讨论同步发电机励磁系统的基本构成及工作原理。

3.1 同步发电机励磁系统的主要任务及要求

同步发电机的运行特性与其空载电动势有关，而空载电动势主要取决于发电机的励磁电流，改变励磁电流可以影响同步发电机在电力系统中的运行特性。电力系统正常运行时，调节发电机励磁电流以改变电网电压水平和并列机组间无功功率的分配，而在系统发生故障时，往往也要求迅速控制励磁电流以维持电网电压及稳定性。优良的励磁控制系统不仅可以保证发电机可靠运行、提高电能质量，而且能够保证系统稳定和经济合理地分配无功功率。

3.1.1 励磁系统的构成

同步发电机的励磁系统一般由两部分构成，如图 3-1 所示。

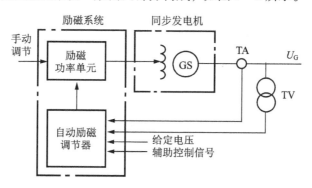

图 3-1 同步发电机励磁系统组成框图

第一部分是励磁功率单元，它向同步发电机的励磁绕组提供直流励磁电流，以建立直流磁场。

第二部分是励磁控制部分，这一部分包括励磁调节器、强行励磁、强行减磁和灭磁等，它根据发电机的运行状态，自动调节功率单元输出的励磁电流，以满足发电机运行的要求。整个自动控制励磁系统是由励磁调节器，励磁功率单元和发电机构成的一个反馈控制系统。

3.1.2 励磁控制系统的主要任务

1. 电压控制

电力系统正常运行时，负荷总是经常波动，为了满足负荷变化的需求，同步发电机的功率也要相应地变化，电压也就跟着发生变化。要保证电力系统电压在允许范围内，需对励磁电流进行调节，使系统发电机极端或某一点的电压在给定的范围。电力系统电压控制的首要任务是控制电力系统中各种无功功率总和，维持电力系统电压的总体水平在额定值附近；其次是控制电力系统各节点电压在允许范围之内。

为说明基本概念，我们以发电机单机带负荷运行系统进行分析，图 3-2（a）是同步发电机运行原理图，图中转子线圈 G_{EW} 是励磁绕组，机端电压为 U_G，电流为 I_G，在正常的情况下，流经转子线圈 G_{EW} 的励磁电流为 I_{EF}，由它所建立的磁场使定子产生的空载感应电动势为 E_q，改变 I_{EF} 的大小，E_q 值就相应地改变。由图 3-2（b）可知其关系式为：

$$\dot{E}_q = \dot{U}_G + j\dot{I}_G X_d \tag{3-1}$$

式中　U_G——发电机端电压；

　　　I_G——发电机定子电流；

　　　X_d——发电机的直轴同步电抗。

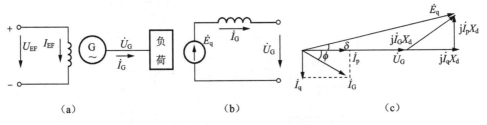

图 3-2　同步发电机感应电动势和励磁电流关系
(a) 原理图；(b) 等值电路图；(c) 相量图

图 3-2（c）是发电机的相量图，δ 为 E_q 和 U_G 之间的夹角，即发电机的功率角；根据图中所示相量关系，可以得出：

$$E_q \cos\delta = U_G + I_q X_d \tag{3-2}$$

一般 δ 值很小, 可近似认为 $\cos\delta \approx 1$,

$$E_q \approx U_G + I_q X_d \tag{3-3}$$

该式表明电压的变化主要是由定子电流的无功分量 I_q 的变化引起的, 如果发电机的无功电流 I_q 不变, 改变励磁电流就可以改变 E_q, 进而可以改变 U_G 或使 U_G 保持恒定。即发电机单机运行时, 调节励磁电流可以改变发电机电压。

2. 合理分配并联运行发电机间的无功功率

现代电力系统是由许多发电厂、变电所及线路组成的庞大而复杂的系统, 系统中的有功功率电源是各类发电厂中的发电机; 无功功率电源除发电机外, 还有电容器、调相机及静止补偿器等, 为了保证整个系统的电压质量和无功潮流的合理分配, 将它们分散设置在各变电所中。由于发电机是系统中主要的无功电源, 因此合理控制电力系统中并联运行发电机输出的无功功率, 对保证电力系统运行电压水平具有十分重要的作用。

发电机无功功率的控制原理: 以同步发电机接于无穷大电力系统为例说明发电机无功功率的控制原理。其接线图与相量图如图 3-3 所示, 因系统为无穷大, 系统电压 U_X 恒定不变, 发电机端电压 $U_G = U_X$ 亦恒定不变, 另外在调整发电机无功功率时不会引起发电机有功功率的改变, 即发电机输出的有功功率 P_G 为一常数。在忽略发电机定子损耗及凸极效应时, 发电机输出的有功功率为:

$$P_G = U_G I_G \cos\varphi = 常数 \tag{3-4}$$

$$P_G = \frac{E_q U_G}{X_d}\sin\delta = 常数 \tag{3-5}$$

$$I_G \cos\varphi = K_1 \tag{3-6}$$

$$E_q \sin\delta = K_2 \tag{3-7}$$

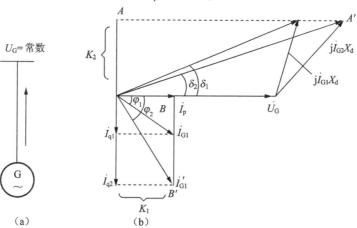

图 3-3　同步发电机与无限大母线并联运行

(a) 接线图; (b) 相量图

上式说明，当改变发电机的励磁电流时，感应电动势 E_q 的端点只能沿着图中的虚线 AA' 变化；而发电机的电流 I_g 的端点只能沿着 BB' 变化。因为发电机端电压为定值，所以发电机励磁电流的变化只是改变了机组的无功功率和功率角的大小。即当励磁电流增加时，发电机无功功率就增加，当励磁电流减少时，发电机发出的无功功率会减少，这就是无功功率调节原理。

在实际运行中，与发电机并列运行的母线并不是无限大容量母线，即系统等值阻抗并不等于零，母线的电压将随着负荷波动而改变。电厂输出无功电流与它的母线水平有关，改变其中一台发电机的励磁电流不但影响发电机电压和无功功率，而且也将影响与之并列运行机组的无功功率，其影响程度与系统情况有关。因此，同步发电机的励磁自动控制系统还担负着并列运行机组间无功功率合理分配的任务。

3. 提高同步发电机并联运行的稳定性

保持同步发电机稳定运行是保证电力系统可靠供电的首要条件。当系统受到各种干扰或发生各种故障时，系统稳定运行的平衡条件就被打破，系统将从一种运行状态过渡到另一种运行状态。电力系统运行的稳定性就是指从一种稳定运行状态能否过渡到另一种稳定运行状态的能力，它分为静态稳定和暂态稳定两类。现在，又把电力系统受到干扰后，涉及自动调节和控制装置作用的长过程的运行稳定问题称为动态稳定。下面主要分析发电机的励磁自动控制系统对静态稳定和暂态稳定的影响。

电力系统暂态稳定是指电力系统在某一正常运行方式下突然遭受大扰动后，能否过渡到一个新的稳定运行状态或者恢复到原来运行状态的能力。

电力系统静态稳定是指电力系统在正常运行状态下，经受微小扰动后恢复到原来运行状态的能力。

1）对静态稳定性的影响

仍以图 3 - 3 为例，发电机直接并联于无穷大系统。当忽略发电机定子损耗及凸极效应时，发电机的输出功率为：

$$P_G = \frac{E_q U_G}{X_d} \sin\delta$$

上式说明，对应于某一固定感应电动势 E_q 值时，发电机输出功率 P_G 是功角 δ 的正弦函数，如图 3 - 4 所示，称为同步发电机的功角特性。当功角 $\delta = 90°$ 时发电机输出功率为最大值 P_m，该值称为发电机的极限功率。其大小为：

$$P_m = \frac{E_q U_G}{X_d} \tag{3-8}$$

从理论上讲，只要系统所取用的有功功率 $P_m < P$，发电机的功角 $\delta < 90°$，其运行是静态稳定的。否则，发电机就不能稳定运行。从以上分析可知发电机运行的功角 δ 越小，其抗干扰能力越强，运行的静态稳定性越好。另一方面，功角越

小发电机输出功率亦越小，发电机的容量不能得到充分利用。

在实际运行时，既要考虑充分发挥发电机效力，又要考虑因系统干扰造成发电机运行不稳定，通常是让发电机运行在功角 $\delta = 30° \sim 45°$。从图 3-3（b）发电机稳态运行相量图中可看出，当发电机发出的有功功率 P_G 不变时，通过增加发电机的励磁电流 I_{EF}，即增大发电机的感应电动势 E_q，可使发电机的功角 δ 减小，从而提高发电机运行的稳定性。另一方面，当系统有功负荷增加时，发电机输出的有功功率亦应随之增加，此时，增加发电机的励磁电流，可使发电机的功角 δ 维持不变，从而保证发电机的稳定运行。从发电机的功角特性曲线上分析可得到相同的结论，如当系统电压 U_G 不变时，提高发电机的励磁电流 I_{EF}，即增大发电机的感应电动势 E_q 可使发电机的功角特性曲线上移，在相同的功角下，使发电机输出的有功功率增大，从而可保证发电机运行的稳定性。

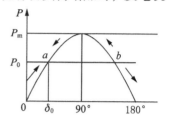

图 3-4　同步发电机的功角特性

2）对暂态稳定性的影响

同步发电机暂态功角特性曲线如图 3-5 所示，曲线 1 对应于正常运行时的状态；曲线 2 对应于故障时的运行状态；曲线 3 对应于故障切除后的运行状态。当系统正常运行时，发电机工作在 a 点，发电机输出的有功功率为 $P_G = P_1$（P_1 为系统取用的有功功率）。当系统中某点发生故障时，阻断了发电机与系统之间的部分联系（影响程度与故障点至发电机的电气距离有关），系统取用功率由 P_1 急剧减小，从而使发电机的输出功率 P_G 急剧减小，其运行点突变到曲线 2 上的 b 点，发电机的输入功率由于惯性而不会突变减小，造成发电机的输入功率大于输出功率，其输入转矩大于发电机的电磁转矩，使发电机转子加速，发电机的运行点由 b 点沿曲线 2 向 c 点移动，其功角 δ 不断增大。当故障切除后，发电机运行到曲线 3 上的 d 点。如果在故障时快速提高励磁电流，即增加发电机的感应电动势，使发电机故障时的功角特性曲线 2 的幅值增加，从而使发电机在故障时的输出功率相对较大，降低转子加速程度，提高发电机的暂态稳定性。

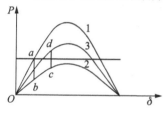

图 3-5　同步发电机暂态功角特性曲线

提高同步发电机的强励能力，即提高励磁顶值电压和励磁电压的上升速度，是提高电力系统暂态稳定性的最经济、最有效的手段之一。

4. 改善电力系统的运行条件

当电力系统由于种种原因，出现短时低电压时，发电机的励磁自动控制系统可发挥其调节功能，即大幅度地快速增加励磁电流以提高系统电压来改善系统运行条件。

1）改善异步电动机的自启动条件

电力系统发生短路故障时，故障点附近系统电压大幅下降，使大多数用户的电动机处于回馈制动状态，转速下降。故障切除后，由于电动机自启动时要吸收大量的无功功率，以致延缓了电网电压的恢复过程。发电机强行励磁的作用可以加速系统电压的恢复，有效地改善电动机的自启动条件。图3-6所示为机组有励磁自动控制和没有励磁自动控制时，短路切除后电压恢复的不同情况。

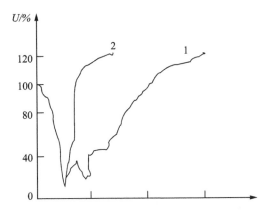

图3-6　同步发电机感应电动势和励磁电流的关系

1—无励磁自动控制；2—有励磁自动控制

2）为发电机异步运行创造条件

当发电机的励磁系统发生故障时，有可能使同步发电机失去励磁，这时发电机将从系统中吸收大量无功功率，造成系统电压大幅下降，严重时会危及系统的安全运行。此时，如果系统中其他发电机组能提供足够的无功功率来维持系统电压水平，则失磁的发电机还可以在一定时间内以异步方式维持运行。这不但可以确保系统安全运行，而且有利于机组热力设备的运行。

3）提高继电保护装置工作的正确性

当系统处于低负荷运行状态时，系统中的某些发电机的励磁电流不大，若系统此时发生短路故障，其短路电流较小，且随时间衰减，有可能导致带时限的继电保护不动。励磁自动控制系统就可以通过调节发电机的励磁电流以提高系统电压，增大短路电流，使继电保护装置可靠动作。

5. 防止水轮发电机过电压

水轮发电机在因系统故障被切除或突然甩负荷时，一方面由于水轮发电机组的机械转动惯量很大，另一方面为了引水管道的安全，不能迅速关闭水轮机的导水叶，致使发电机的转速急剧上升。如果不采取措施迅速降低发电机的励磁电流，则发电机感应电动势有可能升高到危及定子绕组绝缘的程度。因此，要求励磁自动控制系统能实现强行减磁功能。

3.1.3　对同步发电机励磁系统设计的基本要求

同步发电机的励磁系统实质上是一个可控的直流电源。为了满足正常运行的要求，在设计励磁系统方案时，首先应考虑它的可靠性。励磁系统一旦发生故障，轻则自动励磁调节器退出工作，改由运行人员手动调节；重则造成停机事故，将直接影响电厂乃至电力系统的正常运行，甚至造成设备损坏。励磁系统是由励磁功率单元和励磁调节器两部分组成，为了充分发挥其作用，完成发电机励磁自动控制系统的各项任务，对励磁功率单元和励磁调节器性能分别提出以下要求。

1. 对励磁调节器的要求

励磁调节器的主要功能是检测和综合系统运行状态的信息，经相应处理后，产生控制信号，控制励磁功率单元，以得到所要求的发电机励磁电流，对其要求如下。

（1）有较小的时间常数，能迅速响应输入信息的变化。

（2）系统正常运行时，励磁调节器应能反映发电机端电压的高低，以维持发电机端电压的给定水平。在调差装置不投入的情况下，励磁控制系统的自然调差系数一般在 1% 内。

（3）励磁调节器应能合理分配机组的无功功率。为此，励磁调节器应保证同步发电机端电压调差系数可以在 ±10% 以内进行调整。

（4）对远距离输电的发电机组，为了能在人工稳定区域运行，要求励磁调节器没有失灵区。

（5）励磁调节器应能迅速反映系统故障，具备强行励磁等控制功能，以提高系统暂态稳定和改善系统运行条件。

2. 对励磁功率单元的要求

发电机励磁功率单元向同步发电机提供直流电流，除自并励励磁方式外，一般是由励磁机担当的。励磁功率单元受励磁调节器控制，对其要求如下。

（1）要求励磁功率单元有足够的可靠性并具有一定的调节容量。在电力系统运行中，发电机依靠励磁电流的变化进行系统电压和无功功率控制。因此，励磁功率单元应具备足够的容量以适应电力系统中各种运行工况的要求。

（2）具有足够的励磁顶值电压和电压上升速度。从改善电力系统运行条件和提高电力系统暂态稳定性来说，希望励磁功率单元具有较大的强励能力和快速的响应能力。因此，在励磁系统中励磁顶值电压和电压上升速度是两项重要的指标。

励磁顶值电压 U_{EFq} 是励磁功率电源在强行励磁时可能提供的最高输出电压值，该值与额定工况下励磁电压 U_{EFN} 之比称为强励倍数。其值的大小，涉及制造成本等因素，一般取 1.6 ~ 2。

3.2 同步发电机励磁系统

3.2.1 同步发电机励磁系统的基本构成

在电力系统发展初期，同步发电机的容量不大，励磁电流是由与发电机组同轴的直流发电机供给，即所谓的直流励磁机励磁系统。随着发电机容量的增大，所需励磁电流亦相应增大，机械换向器在换流方面遇到了困难，而大功率半导体整流元件制造工艺却日益成熟，于是大容量机组的励磁功率单元就采用了交流发电机和半导体整流元件组成的交流励磁机励磁系统。不论是直流励磁机励磁系统还是交流励磁机励磁系统，一般都是与主机同轴旋转，为了缩短主轴长度，降低造价，减少环节，后又出现用发电机自身作为励磁电源的方法，即以接于发电机出口的变压器作为励磁电源，经晶闸管整流后供给发电机励磁，这种励磁方式称为发电机自并励系统，又称为静止励磁系统。还有一种无刷励磁系统，交流励磁机为旋转电枢式，其发出的交流电经同轴旋转的整流器件整流后，直接与发电机的励磁绕组相连，实现无刷励磁。下面对几种常用的励磁系统做简要介绍。

3.2.2 常用同步发电机励磁系统的工作原理

1. 直流励磁机励磁系统

直流励磁机励磁系统是最早应用的一种励磁方式。由于它是靠发电机的换向器进行整流的，当励磁电流过大时，换向就很困难，所以这种方式只能在 100 MW 以下的中小容量机组中采用。直流励磁机大多与发电机同轴，它是靠剩磁来建立电压的，按励磁机励磁方式不同又分为自励式和他励式两种。

1）自励直流励磁机励磁系统

图 3-7（a）所示是这种励磁系统的原理接线图。励磁机 EX 和发电机 G 同轴，靠剩磁建立电压。励磁机发出的电流，一部分（I_{EF}）送给发电机的励磁绕组；一部分（I_{EE}）经过磁场变阻器 R_C 送给励磁机的励磁绕组。由于励磁机向它自己提供励磁电流，故称为自励。它的励磁电流控制由两种途径实现，一是通过人工调节励磁机磁场电阻 R_C 来改变励磁机的励磁电流 I_{EE}，从而达到人工调整发电机励磁电流的目的，实现对发电机励磁电流的手动调节。二是通过自动励磁调节器对励磁机的励磁电流自动调节，从而实现对发电机励磁电流的自动调节。

2）他励直流励磁机励磁系统

图 3-7（b）所示是他励直流励磁系统的原理图。它与图 3-7（a）的不同之处在于直流励磁机的励磁电流是由另一台与发电机同轴的副励磁机供给的，故称他励。由于他励方式取消了励磁机的自并励，励磁单元的时间常数就是励磁机

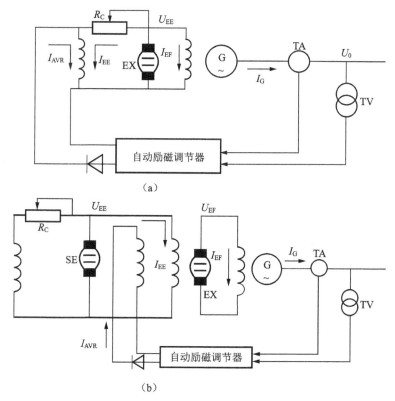

图 3 - 7　直流励磁机励磁系统原理图

（a）自励方式；（b）他励方式

G—发电机；EX—励磁机；SE—副励机

励磁绕组的时间常数，与自励方式相比，时间常数减小了，即提高了励磁系统的电压增长速率。由于水轮发电机的机械转动惯量大，励磁绕组的时间常数过大，会使得励磁自动控制系统的动态指标变差。因此，减小励磁机的时间常数对保证励磁自动控制系统的稳定性和动态指标具有重要作用。该系统一般用于水轮发电机组。

在电力工业发展初期，由于发电机的容量较小，全部采用直流励磁机励磁系统。随着发电机容量的不断增大，励磁机的容量亦不断增大。在实际运行中存在的问题更加突出：直流励磁机靠机械换向器换向，有电刷、换向器等转动接触部件，运行维护繁杂；当发电机容量大于 100 MW 时，直流励磁机的换向问题难以解决；直流励磁机与同容量的交流励磁机或静止励磁系统相比，体积大、造价高。基于以上原因，直流励磁机励磁系统只用于容量在 100 MW 及以下的发电机。

2. 交流励磁机励磁系统

随着电力电子技术的发展和大容量整流器件的出现，为适应大容量发电机组的需要，产生了交流励磁机励磁系统。这种励磁系统的励磁功率单元由与发电机同轴的交流励磁机和硅整流器组成，其中交流励磁机又分为自励和他励两种方式；整流器又分为可控硅整流和不可控硅整流两种，每一种又有静止和旋转两种形式。励磁系统的自动励磁调节器既有模拟式的，也有数字式的。功率单元和调节器的各种不同形式的组合配用，使交流励磁机励磁系统的类型多种多样。下面仅介绍在大型机组中常采用的他励方式，它又分为静止整流和旋转整流两种。

1）他励交流励磁机静止整流励磁系统

图 3-8 所示是他励交流励磁机静止整流励磁系统原理接线图。交流主励磁机和交流副励磁机均与发电机同轴旋转。副励磁机输出的交流经晶闸管整流器整流后供给主励磁机的励磁绕组。由于主励磁机的励磁电流不是由它自己供给的，故称这种励磁机为他励交流励磁机。主励磁机的频率为 100 Hz，副励磁机的频率一般为 500 Hz，以组成快速响应的励磁系统。

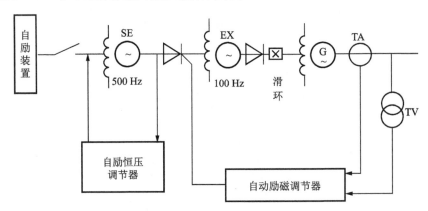

图 3-8 他励交流励磁机静止整流励磁系统原理图

在这种励磁系统中，自动励磁调节器根据发电机端口电气参数自动调整晶闸管整流器件的控制角改变主励磁机的励磁电流，来控制发电机励磁电流，从而保证发电机端电压在给定水平。副励磁机是一个自励式的交流发电机，为保持其端电压的恒定，由自励恒压调节器调整其励磁电流，其正常工作时的励磁电流由本机发出的交流电压经晶闸管整流（在自励恒压调节器中）后供给，由于晶闸管的可靠起励电压偏高，所以在启动时必须外加一个直流起励电源，直到副励磁机发出的交流电压足以使晶闸管导通时，副励磁机的自励恒压调节器才能正常工作，起励电源方可退出。

2）他励交流励磁机旋转整流励磁系统（无刷励磁）

图 3-9 是他励交流励磁机旋转整流励磁系统原理图。他励交流励磁机静止整流励磁系统是国内运行经验最丰富的一种系统。由于发电机的励磁电流是经过滑环供给的，当发电机容量较大时其转子的励磁电流也相应增大，这给滑环的正常运行和维护带来困难。为了提高励磁系统的可靠性，就必须设法去掉滑环，使

整个励磁系统都无滑动接触元件，这就是所谓的无电刷励磁系统。

在该系统中，主励磁机的电枢及磁极的位置与一般发电机相反，即励磁绕组放在定子上静止不动，电枢绕组放在转子上与发电机同轴旋转。这样就可以将主励磁机电枢中产生的交流电经整流后（整流元件固定在转轴上）与发电机励磁绕组直接相连，省去滑环部分，这就实现了无电刷励磁。因主励磁机的电枢、硅整流元件、发电机的励磁绕组都在同轴上旋转，故又将这种系统称为他励交流励磁机旋转整流励磁系统。该系统的性能和特点如下。

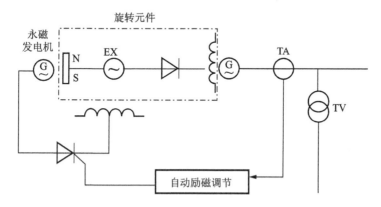

图 3 - 9 他励交流励磁机旋转整流励磁系统原理接线图

（1）无电刷和滑环，维护工作量小。

（2）发电机励磁由励磁机独立供电，副励磁机为永磁发电机，整个励磁系统无电刷和滑环，其可靠性较高。

（3）没有炭粉和铜末对电机绕组的污染，故电机的绝缘寿命较长。

（4）发电机励磁控制是通过调节交流励磁机的励磁实现的，因而整个励磁系统的响应速度较慢，必须采取相应措施减小励磁系统的等值时间常数。

（5）发电机的励磁回路随轴旋转，因此在励磁回路中不能接入灭磁设备，发电机励磁回路无法实现直接灭磁，也无法实现对励磁系统的常规检测，必须采取特殊的测试方法。

（6）要求旋转整流器和快速熔断器等要有良好的机械性能，并能承受高速旋转的离心力。

3. 静止励磁系统（发电机自并励系统）

图 3 - 10 所示是静止励磁系统原理接线图。发电机的励磁是由机端励磁变压器经整流装置直接供给的，它没有其他励磁系统中的主、副励磁机旋转设备，故称静止励磁系统。由于励磁电源是发电机本身提供的，故又称发电机自并励系统。

该系统的主要优点如下。

（1）励磁系统接线和设备简单，无转动部分，维护方便，可靠性高。

（2）不需要同轴励磁机，可缩短发电机主轴长度，降低基建投资。

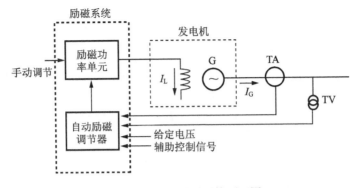

图 3 – 10　静止励磁系统原理图

（3）直接用晶闸管控制励磁电压，可获得近似阶跃函数那样的快速响应速度。

（4）由发电机机端取得励磁电源。机端电压与机组转速的一次方成正比，故静止励磁系统输出的励磁电压与机组转速的一次方成正比。而其他励磁机励磁系统输出的励磁电压与转速的二次方成正比。这样，当机组甩负荷时静止励磁系统机组的过电压较低。

对于静止励磁系统，人们曾有过以下两点疑虑。

（1）静止系统的顶值电压受发电机端口处系统短路故障的影响。在靠近发电机附近发生三相短路而切除时间较长时，由于励磁变压器一次侧电压急剧下降，励磁系统能否提供足够的强励磁电压。

（2）在没有足够强励电压的情况下，短路电流的迅速衰减，能否使带时限的继电保护正确动作。

针对上述疑虑，国内外的分析和试验表明，由于大、中容量发电机组的转子时间常数较大，其励磁电流要在短路 0.5 s 后才显著衰减。在短路刚开始的 0.5 s 之内，静止励磁方式与其他励磁方式的励磁电流是很接近的，只是在短路 0.5 s 后，才有明显的差别。另外考虑到电力系统中重要设备的主保护动作时间都在 0.1 s 之内，且均设有双重保护，因此没必要担心继电保护问题。对于中、小型机组，由于转子时间常数较小，短路时励磁电流衰减较快，发电机的端电压恢复困难，短路电流衰减更快，继电保护的配合较复杂，需要采取一定的技术措施以保证其正确动作。

由于水轮发电机的转子时间常数和机组的转动惯量相对较大，这种励磁系统特别适用于水轮发电机。尤其适用于发电机－变压器单元接线的发电机。因为发电机与变压器之间的三相引出线分别封闭在 3 个彼此分开的管道中，发生短路故障的几率极小。目前它已作为 300 MW 及以上发电机组，特别是水轮发电机组的定型励磁方式。

3.3 励磁系统中转子磁场的建立和灭磁

事故情况下，系统母线电压极度降低，这说明电力系统无功功率的缺额很大，为了使系统迅速恢复正常，就要求有关的发电机转子磁场能够迅速增强，达到尽可能高的数值，以弥补系统无功功率的缺额。因此，在事故情况下，转子励磁电压的最大值及其磁场建立的速度问题，有两个重要的指标，一般称之为强励顶值与响应比。强励顶值一般为额定励磁电压的 1.8～2 倍。当机端电压降低为 0.8～0.85 倍的额定电压时，强励装置动作，使励磁系统实行强行励磁。要使发电机强励的效果能够及时发挥，还必须考虑两个因素：一是励磁机的响应速度要快，即励磁机的时间常数要小；其次，是发电机转子磁场的建立速度要快，一般用励磁电压响应比来表示转子磁场建立的快慢。

当转子磁场已经建立起来后，如果由于某种原因需要强迫发电机立即退出工作时，在断开发电机断路器的同时，必须使转子磁场尽快消失，否则发电机会因过励磁而产生过电压，或者会使定子绕组内部的故障继续扩大。如何能在很短的时间内，使转子磁场内存储的大量能量迅速消释，而不致在发电机内产生危险的过电压，这也是一个重要的问题，一般称为灭磁问题。

1. 励磁时间

自励系统的时间常数比他励系统的大，电压变化过程的惯性比较大。

2. 电压响应比

电压响应比是由电机制造厂提供的说明发电机转子磁场建立过程的粗略参数，反映了励磁机磁场建立速度的快慢。

一般地说在暂态稳定过程中，发电机功率角摇摆到第一个周期最大值的时间为 0.4～0.7 s，所以，通常将励磁电压在最初 0.5 s 内上升的平均速率定义为励磁电压响应比。

现在一般大容量机组往往采用快速励磁系统，用响应时间作为动态性能评定指标。励磁系统电压响应时间，指在发电机励磁电压为额定励磁电压时，从施加阶跃信号起，至励磁电压达到最大励磁电压与额定电压之差的 95% 为止所花费的时间。

3. 励磁绕组对恒定电阻放电灭磁

所谓灭磁就是将发电机转子励磁绕组的磁场尽快地减弱到最小程度。当然，最快的方式是将励磁回路断开，但由于励磁绕组是一个大电感，突然断开，必将产生很高的过电压，危及转子绕组绝缘，所以，用断开转子回路的办法来灭磁是不恰当的。将转子励磁绕组自动接到放电电阻灭磁的方法是可行的。

对灭磁提出的第一个要求是灭磁时间要短，这是评价灭磁装置的重要技术指

标，其次是灭磁过程中转子电压不应超过允许值，通常取额定励磁电压的
4～5倍。

4. 理想的灭磁过程

理想的灭磁过程，就是在整个灭磁过程中始终保持转子绕组的端电压为最大
允许值不变，直至励磁回路断开为止。这就是说，在灭磁过程中，转子回路的电
流应始终以等速度减小，直至为零。

5. 交流励磁机系统的逆变灭磁

在交流励磁系统中，如果采用了晶闸管整流桥向转子供应励磁电流时，就可
以考虑应用晶闸管的有源逆变特性来进行转子回路的快速灭磁。

要保证逆变过程不致颠覆，逆变角一般取为40°，并有使逆变角不小于30°
的限制元件。其次，是逆变灭磁过程中，交流电源的电压不能消失。很明显，外
加电压消失了，就不称其为有源逆变过程了。在这方面，外加电源为交流励磁机
时，由于在逆变灭磁过程中，励磁机的端电压不变，所以灭磁过程就快，这样的
逆变灭磁过程是一个理想的灭磁过程。而当励磁电压取自发电机端电压时，则随
着灭磁过程的进行，发电机电压也随着降低，灭磁速度也随之减慢，总过程不如
交流励磁机的系统快。

对于逆变灭磁，当逆变进行到发电机励磁绕组中的剩余磁场能量不能再维持
逆变时，逆变便结束，通常将剩余的能量向并联的电阻放电，此时磁场电流已很
小，直到转子励磁电流衰减到零，灭磁结束。因此在这种灭磁方式下，在发电机
励磁回路中还装设有容量小、阻值较大的灭磁电阻。

3.4　励磁调节器原理

3.4.1　励磁调解器的基本原理与调节特性

励磁调解装置（自动励磁调节器）的最基本部分是一个闭环比例调节器。
它的输入量是发电机端电压 U_G，输出量是励磁机的励磁电流或发电机的励磁电
流。它的作用首先是保持发电机的端电压不变；其次是保持并联机组间无功电流
的合理分配。

图3-11是最原始也是最简单的励磁系统，在没有自动励磁调解装置以
前，发电机是依靠人工调整励磁机的励磁电阻 R_C，来维持发电机端电压 U_G 不
变。运行人员通过测量仪表对发电机端电压进行观察，当端电压 U_G 较低时，
减小励磁电阻 R_C，使励磁机的励磁电流 I_{EE} 增加，从而使发电机的励磁电流 I_{EF}
增加，发电机的端电压 U_G 也相应增加。相反，当端电压 U_G 较高时，增加励磁
电阻 R_C，使励磁机的励磁电流 I_{EE} 减小，从而使发电机的励磁电流 I_{EF} 减小，发

电机的端电压 U_G 也相应减小。

人工在调压过程中的作用可用图 3 - 12 中的线段 ab 来表示。图中 U_{Gb} ~ U_{Ga} 是发电机在正常运行时允许电压变动的范围；一般不超过额定电压的 10%。 I_{EEb} ~ I_{EEa} 代表励磁系统必须具备的最低调整容量。

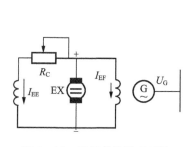

图 3 - 11　最简单的励磁系统

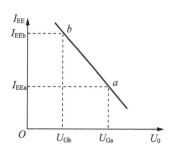

图 3 - 12　人工调压

目前，电力系统中运行的自动励磁调节器种类很多，但就控制规律而言，绝大多数属于具有图 3 - 12 中的线段 ab 表示的比例式励磁调节器。其基本原理框图如图 3 - 13 所示。它的基本工作原理是：由测量元件测得的发电机端电压与给定基准电压进行比较，用其差值作为前置功率放大器的输入信息，再经过一级功率放大后输出一个与前面差值相反方向的励磁调节电流，使励磁调节器的输出量 I_{EE} 与输入量 U_G 之间达到图 3 - 12 中线段 ab 表示的比例关系。当发电机端电压 U_G 因某种原因降低时，励磁机的励磁电流 I_{EE} 大为增加，发电机的感应电动势 E_q 随之增加，使发电机的端电压 U_G 重新回到基准值附近；当发电机端电压 U_G 因某种原因升高时，在自动励磁调节器的作用下，同样使发电机的端电压 U_G 回到基准值附近。

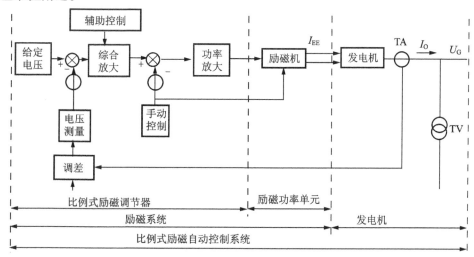

图 3 - 13　比例式励磁自动控制基本原理框图

3.4.2 励磁调节器的构成与工作原理

比例式晶闸管励磁调节器的类型很多,电路也各不相同,但构成调节器的基本环节和各环节的特性都是很相似的。基本的控制单元都是由测量比较、综合放大和移相触发单元组成。图 3-14 是 ZTL 型励磁调节器简化原理图。

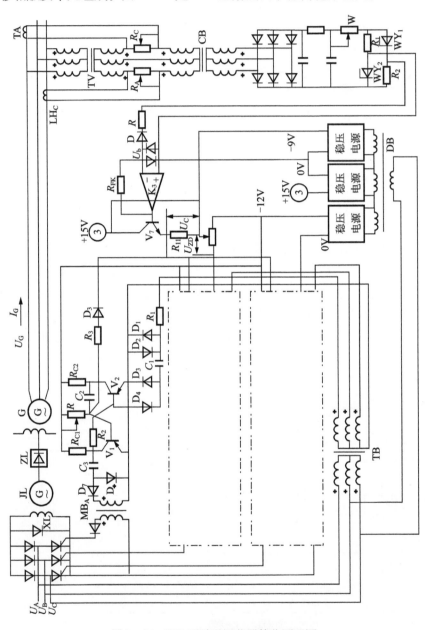

图 3-14　ZTL 型励磁调节器简化原理图

1. 测量比较单元

电压测量比较单元的作用是测量发电机端电压 U_G 并转为与其成正比的直流电压 U_C，与给定的基准电压 U_{gd} 相比较，得到电压的偏差信号 U_b。测量比较单元由电压测量和比较整定环节组成。

1）电压测量电路

电压测量电路的作用是将发电机端电压降压、整流、滤波后转换成一直流电压。具体电路见图 3-14 简化原理图中的电压测量部分。测量变压器的作用是将电压互感器二次侧电压降低为适用于整流电路所需的值。其次级接三相全桥整流元件，再经过 RC 滤波器滤波后，得到正比于机端电压的直流电压信号 U_C。

2）比较整定电路

比较整定电路的作用：一是将测量输出的电压 U_G 与给定电压 U_{gd} 相比较，输出一个表征发电机与其给定值偏差的直流电压 U_b；二是通过调节发电机给定电压值 U_{gd} 去调节 U_b 的大小，进而调节发电机端电压或无功功率。给定值的调节可以本地手动调节，也可以远方手动调节或通过自动调节装置调节。

图 3-15 是 ZTL 型励磁调节器的比较电路，其中稳压管 WY_1、WY_2 与 R_1 和 R_2 组成比较电路；电位器的作用是整定发电机端电压。电路中 $R_1 = R_2$，稳压管 WY_1 和 WY_2 的稳定电压相等。

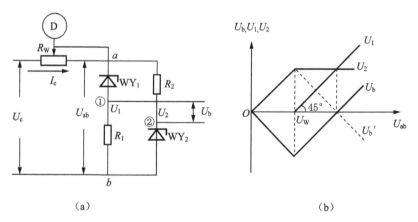

（a）　　　　　　　　　　（b）

图 3-15　比较整定电路

（a）电路图；（b）工作特性

设稳压管 WY_1 和 WY_2 的稳定电压为 U_w。当 $U_{ab} < U_w$ 时，稳压管 WY_1 和 WY_2 不能导通，相当于开路，电路中各点电压如下：

$$U_1 = 0 \qquad\qquad (3-9)$$

$$U_2 = U_{ab} \qquad\qquad (3-10)$$

$$U_b = U_1 - U_2 = -U_{ab} \qquad\qquad (3-11)$$

式中　U_1，U_2——以 b 点为参考电位的两个电压；

U_b——比较整定电路的输出电压，以②点为参考电位。

当 $U_{ab} > U_W$ 时，WY_1 和 WY_2 导通，两端电压为其稳定电压 U_W，电路中各点电压如下：

$$U_1 = U_{ab} - U_W \tag{3-12}$$

$$U_2 = U_W \tag{3-13}$$

$$U_b = U_1 - U_2 = U_{ab} - 2U_W \tag{3-14}$$

根据以上比较电路的工作情况，可作出如图 3-15（b）所示的工作特性。图中的上升段是励磁调节器的工作段。式中 U_{ab} 正比于发电机端电压 U_G，$U_{ab} = K_C U_G$，K_C 为放大系数；$2U_W$ 为比较电路的基准电压，$2U_W = K_C U_{GD}$，U_{GD} 为归算到发电机端电压的给定值。将上述关系代入式（3-14）得：

$$U_b = U_{ab} - 2U_W = K_C U_G - K_C U_{GD} = K_C(U_G - U_{GD}) = K_C \Delta U_G \tag{3-15}$$

从上式可以看出，比较整定电路的输出电压 U_b 同发电机端电压与给定电压之差 ΔU_G 成正比。

2. 综合放大单元

1）综合放大单元的作用

（1）综合放大各种励磁控制信号。这些信号包括发电机电压偏差信号、为改善励磁控制系统动态性能的微分反馈信号、最大及最小励磁限制信号等。

（2）改善励磁自动控制系统的静态和动态性能指标。根据自动控制原理知，合理选取综合放大单元的放大系数，可以做到使系统既有足够的静态调节精度，又有良好的动态调节特性。

（3）输出移相单元所需的输入电压。不同的移相触发电路对输入电压有不同的要求，这种要求是靠综合放大单元来满足的。

2）对综合放大单元的基本要求

（1）能线性无关地综合、放大各输入信号。所谓线性无关地放大各输入信号，是指输出与输入之间呈线性关系，而且改变输入信号的任何一个信号的放大倍数，不影响其他输入信号的放大倍数。

（2）要有足够的运算精度和放大系数，且放大系数可调。

（3）要有足够的响应速度，即时间常数要小。

（4）工作稳定可靠，输出阻抗低。即要求零点漂移小，负载能力强，保证综合放大单元的输出电压不受移相触发单元工作的影响。

（5）输出电压范围应满足移相触发单元的要求。

3）综合放大单元的工作原理及特性

在半导体励磁调节器中，综合放大单元通常采用集成电路运算放大器，如图 3-16（a）所示，图中 U_{FZ} 为辅助控制电压信号。

综合放大器的输出电压 U_K 等于输入电压 U_b 和 U_{FZ} 按不同的比例相加之和，它们的比例系数可以通过各自输入电阻 R_1 或 R_2 整定，实现对各输入信号线性无关的综合放大。其工作特性如图 3 - 16（b）所示。

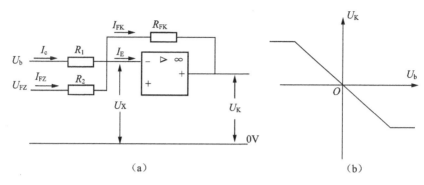

图 3 - 16 综合放大单元
（a）电路图；（b）工作特性

3. 晶闸管整流电路

晶闸管整流电路的作用是将交流电压整流成直流电压向发电机励磁绕组或励磁机励磁绕组供给可控制的励磁电流。励磁调节器中使用的晶闸管整流电路有三相半控桥式整流电路和三相全控桥式整流电路两种。在 ZTL 型励磁调节器中，采用三相半控桥式整流电路。在大型发电机励磁系统中还使用三相桥式不可控整流电路。

4. 同步和移相触发单元

1）对移相触发单元的要求

（1）晶闸管的触发脉冲应与晶闸管阳极电压同步。在三相半控桥式整流电路中，晶闸管阳极电压和触发脉冲都是周期性变化的电气量，要求两者同步就是要求其频率相同。晶闸管的触发脉冲与晶闸管阳极电压同步是保证晶闸管整流电路正常工作的基本条件。

（2）触发脉冲的移相范围要符合相应可控整流电路的要求。三相半控桥式整流电路的理论移相范围为 0° ~ 180°。实际电路中为了保证可控整流电路能在各种工作条件下都能可靠地工作，通常都对触发脉冲的移相范围加以限制。三相半控桥式整流电路移相范围通常限制在 10° ~ 170°。

（3）触发脉冲应有足够的功率以保证晶闸管可靠地导通。晶闸管的控制极参数有分散性，而且其所需的触发电压和电流随温度而变化。为了保证晶闸管可靠地导通，触发电路输出的电压和电流要满足晶闸管元件对触发信号的要求。

（4）触发脉冲上升沿要陡。上升沿的上升时间一般在 10 μs 左右。在晶闸管整流电路中，当元件的耐压水平及通流能力不够大时，可将多个元件串、并联组成。为了保证在同一桥臂中的所有晶闸管同时导通，以防止元件损坏，要求触发脉冲有足够大的触发功率的同时，还要求触发脉冲的上升沿有足够的陡度。这是因为提高触发脉冲的前沿陡度可以保证同一桥臂上的所有元件导通的同时程度更高。

（5）触发脉冲应有足够的宽度。晶闸管整流电路输出电流因励磁绕组存在较大电感必须从零逐渐上升。在晶闸管整流电路输出的电流还没上升到大于晶闸管的维持电流时，若触发脉冲已经消失，则晶闸管就会重新关断。对三相半控桥式整流电路，要求触发脉冲宽度不小于 100 μs，通常取 1 ms，相当于 50 Hz 正弦波的 18°。

（6）保证各相晶闸管的控制角 α 一致。若不保持一致，整流桥输出电压谐波增加。对三相半控桥式整流电路，要求各相触发脉冲的相角偏差应小于 10°。

（7）触发脉冲应与主电路相互隔离。这是为保证触发电路不受主电路高电压影响而安全工作的基本条件。

2）移相触发电路的工作原理及特性

图 3 - 17 是移相触发单元的构成框图，其包括同步、移相、脉冲形成和脉冲放大等几个部分。

图 3 - 17　移相触发单元的构成框图

图 3 - 18 是单稳态移相触发电路原理图。它是 A 相晶闸管的移相触发电路。一个三相半控桥式整流电路，需要 3 个与图 3 - 18 相同的移相触发电路。图 3 - 18 中电压 u_{AT} 是 A 相晶闸管 SCR_A 触发脉冲的同步信号，R_1、C_1 和 $D_1 \sim D_4$ 构成同步电路；综合放大单元的输出电压 U_K 是移相触发电路的输入信号；电容器 C_2、二极管 D_5、电阻 R_6 和 R_3 等构成移相环节；晶体管 V_1 和 V_2 及其辅助电路构成的单稳态触发器，是脉冲的形成环节；脉冲变压器 MB 起脉冲放大和整形作用；移相触发单元的输出为触发脉冲，其需满足对移相触发脉冲的各项要求。

3.5　发电机励磁调节器静态特性的调整

3.5.1　同步发电机电压调节特性的调整

同步发电机电压调节特性是指在没有人工参与调节的情况下，发电机端电压 U_G 与发电机电流的无功分量 I_q 之间的静态特性，亦称电压调差特性。对同步发电机电压调节特性进行调整，主要是为了满足运行方面的要求，这些要求如下。

（1）保证并列运行发电机组间无功功率的合理分配（通过调整各发电机的调差系数，使其相等即可实现）。

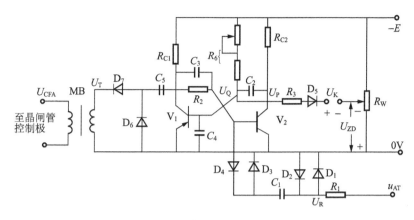

图 3-18　单稳态移相触发电路原理图

（2）保证发电机能平稳地投入和退出运行，而不发生冲击现象（通过上下平移发电机调节特性曲线即可实现）。

图 3-19 所示是同步发电机电压调节特性的 3 种类型，其中 δ 称为发电机端电压调差率或差系数。$\delta > 0$ 称为正调差，调节特性曲线向下倾斜，表示发电机端电压随无功电流的增加而下降；$\delta < 0$ 称为负调差，调节特性曲线向上翘起，表示发电机端电压随无功电流的增加而上升；$\delta = 0$ 称为无差特性，表示发电机端电压不随无功电流变化。发电机端电压调差率由下式计算：

$$\delta\% = \frac{U_{G0} - U}{U_{G0}} \times 100\% \tag{3-16}$$

式中 U_{G0}——发电机空载额定工况下的端电压；

　　　U——发电机无功电流等于额定值时的端电压。

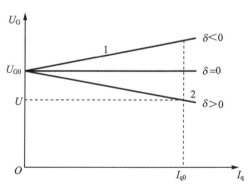

图 3-19　同步发电机电压调节特性

国家标准规定，励磁调节器应保证同步发电机端电压静态调差率为 ±10%。实际上，由于自动励磁调节系统的总的放大倍数足够大，因而发电机带有自动励磁调节器时的调差系数都小于 1%，近似无差调节。这种特性既不能使发电机并联稳定运行，也不利于发电机组在并列运行时无功负荷的合理分配，因此发电机的调差系数要根据运行的需要，人为地加以调整，使调差系数在 ±3% ~ ±5% 范围内。在实际运行中，发电机一般采用正调差系数，因为其具有系统电压下降而发电机的无功电流增加的特性，这对于维持系统稳定运行是十分必要的。至于负调差系数，一般只能在发电机 – 变压器组接线时采用，这时虽然发电机外特性具有负调差系数，但考虑变压器阻抗压降后，在变压器高压侧母线上看，仍具有正调差系数。因此负调差系数主要是用来补偿变压器阻抗上的压降，使发电机 – 变压器组的外特性下倾不致太大。为了使发电机稳定运行且合理分配并联运行机组间的无功负荷，在励磁调节器中必须设有调差单元。

ZTL 型励磁调节器中如何来调整 δ 的正负及大小使其满足要求呢？下面以两相式正调差接线为例，说明调差单元的工作原理，其接线如图 3 – 20 所示。

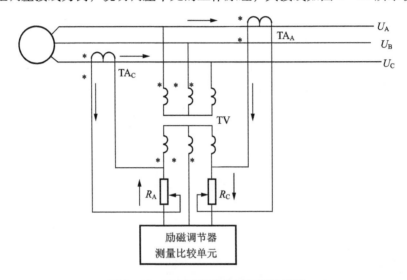

图 3 – 20　两相式调差单元原理接线图

当发电机带纯无功负荷（$\cos\varphi = 0$、$\varphi = 90°$）时，作出的相量图如图 3 – 21（a）所示。由图 3 – 21（a）可以看出，在 $\cos\varphi = 0$ 时，励磁调节器中增加调差单元之后，输入励磁调节器测量比较单元的电压 U'_a、U'_b 和 U'_c 会随发电机输出电流的增加而增加。按照励磁系统的工作特性，当 U'_a、U'_b 和 U'_c 增加时励磁系统会自动减少发电机的励磁电流，使发电机的端电压下降，于是就形成了向下倾斜的发电机调节特性。

当发电机带纯有功负荷（$\cos\varphi = 1$、$\varphi = 0°$）时，由图 3 – 21（b）可以看出，在 $\cos\varphi = 1$ 时，励磁调节器中增加调差单元之后，输入励磁调节器测量比较单元的电压 U'_a、U'_b 和 U'_c，基本上不随发电机输出电流的增加而变化。按照励磁系统的工作特性，发电机的励磁电流及端电压将不随发电机有功电流的变化而变化。综上分析可知，励磁调节器的调差单元只反映发电机无功功率的变化而基本不反映有功功率的变化。发电机实际负荷的功率因数一般为 $0 < \cos\varphi < 1$，发电机的输出电流可以分解为有功分量和无功分量，发电机输出电流在调差单元中的作用可看成图 3-21（a）和图 3-21（b）的叠加。图 3-21 调差单元接线会使发电机端电压随发电机输出电流的增加而下降。改变 R_a 和 R_c 的大小就可调整 δ 调差率的大小。如果将 U_a 和 I_c 接入 R_c 和 R_a 的两个接线头对调，就得到发电机上翘的调差特性。

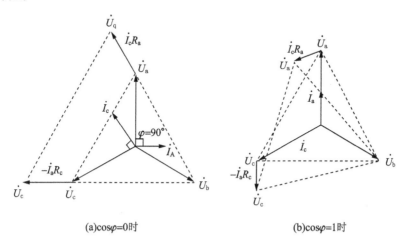

(a)$\cos\varphi=0$时　　　　　　　　(b)$\cos\varphi=1$时

图 3-21　调差单元的向量图

3.5.2　发电机调节特性的平移

发电机投入或退出电网运行时，要求能平稳地转移负荷，不要引起对电网的冲击。当一台带有自动励磁调节器的发电机接入无限大容量电网运行时，由图 3-22 可见，若电网的无功电流从 I_{q1} 减小到 I_{q2}，只需将发电机的调节特性曲线从 1 平移到 2 的位置即可。如果将调节特性继续下移到 3 的位置，则发电机输出的无功电流将减小到 0。这样在机组退出运行时，就不会发生无功功率的突变，从而避免对电网的冲击。

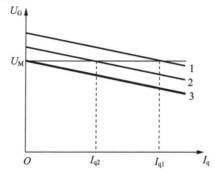

图 3-22　发电机电压调节特性与无功功率的关系

同理，发电机投入运行时，只要使其调节特性曲线处于 3 的位置，待机组并入电网后再将调节特性曲线向上移动，使无功电流增加到电网运行的要求值。平移发电机的电压调节特性是由运行人员手动或通过自动装置调节励磁调节器的电压给定值实现的。在 ZTL 型励磁调节器中是通过调整测量比较单元中电位器 W 的触头位置，改变阻值 R_W，就可平移测量比较单元特性曲线的位置。图 3 – 23 是发电机电压调节特性平移的原理示意图。图中 $U_G = f_2(I_{EF})$ 是发电机的负荷特性曲线，$I_{EF} = f(U_G)$ 是由比例式励磁调节器组成的励磁系统在调差单元没有接入时的静态工作特性曲线。图 3 – 23 中线段 AB 和 $A'B'$ 是励磁调节器中调差单元的作用形成的，其表示当发电机的无功电流 I_q 增加时励磁系统输出的励磁电流 I_{EF} 会减小。设励磁系统运行在特性曲线 E，在此情况下，发电机空载（$I_q = 0$）时励磁控制系统运行在 A 点：$I_q = 0$，$U_G = U_{G1}$。当发电机输出的无功电流 I_q 增加而端电压 U_G 下降时，励磁系统将按线段 AB 工作，当 I_q 增加到 I_{qN} 时，运行在 B 点：$I_q = I_{qN}$，$U_G = U_{G2}$。将上述两个工作点画到图 3 – 23 中右半部分就得出励磁调节器调差单元作用时的发电机电压调节特性，如图 3 – 23 中曲线 1 所示。当手动调节电位器 W 的阻值 R_W，使励磁系统工作特性曲线由 E 移动到 E' 时，同样可以得出发电机电压特性将由曲线 1 向上平移到曲线 2 的位置。同理，反方向调节 W 的阻值 R_W 时，会使发电机电压调节特性曲线 1 向下平移。

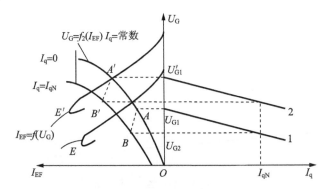

图 3 – 23　发电机电压调节特性平移的原理示意图

3.6　同步发电机励磁系统的动态特性

同步发电机励磁自动控制系统是一个反馈自动控制系统，其动态特性是指在外部干扰信号作用下，该系统从一个稳定运行状态变化到另一个稳定运行状态的时间响应特性。图 3 – 24 是同步发电机在额定转速下突然加入励磁时发电机电压从零升至额定值时的时间响应曲线。

图中给出的 3 个动态指标定义如下。

（1）超调量 δ_p。在励磁系统自动调节暂态过程中发电机端电压最大值与稳

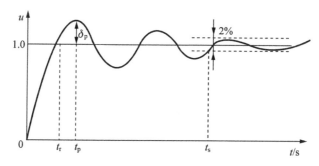

图 3 - 24　同步发电机励磁自动控制系统的动态特性曲线

态值的差值对稳态值的百分数。其数学表达式为

$$\delta_{\mathrm{p}} = \frac{U_{\mathrm{G}}(t_{\mathrm{p}}) - U_{\mathrm{G}}(\infty)}{U_{\mathrm{G}}(\infty)} \times 100\% \qquad (3-17)$$

式中　　t_{p}——发电机端电压出现最大值的时间；

　　　　$U_{\mathrm{G}}(t_{\mathrm{p}})$——发电机端电压的最大值；

　　　　$U_{\mathrm{G}}(\infty)$——发电机端电压稳态值。

（2）调节时间 t_{s}。从给定信号到发电机端电压值与稳态值的偏差不大于稳态值的 2% 所经历的时间。

（3）摆动次数 N。在调节时间内，发电机端电压摆动的周期数。

项目三

同步发电机励磁控制

任务一　同步发电机起励

一、任务目标

（1）了解同步发电机的几种起励方式，并比较它们之间的不同之处。

（2）分析不同起励方式下同步发电机起励建压的条件。

二、任务说明

同步发电机的起励方式有 3 种：恒发电机电压 U_g 方式起励、恒励磁电流 I_e 方式起励和恒给定电压 U_R 方式起励。其中，除了恒 U_R 方式起励只能在他励方式下有效外，其余两种方式起励都可以分别在他励和自并励两种励磁方式下进行。

（1）恒 U_g 方式起励。现代励磁调节器通常有"设定电压起励"和"跟踪系统电压起励"两种起励方式。设定电压起励，是指电压设定值由运行人员手动设定，起励后的发电机电压稳定在手动设定的给定电压水平上；跟踪系统电压起励，是指电压设定值自动跟踪系统电压，人工不能干预，起励后的发电机电压稳定在与系统电压相同的电压水平上，有效跟踪范围为 85% ~ 115% 额定电压；"跟踪系统电压起励"方式是发电机正常发电运行默认的起励方式，可以为准同期并列操作创造电压条件，而"设定电压起励"方式通常用于励磁系统的调试试验。

（2）恒 I_e 方式起励。恒 I_e 方式起励也是一种用于试验的起励方式，其设定值由程序自动设定，人工不能干预，起励后的发电机电压一般为 20% 额定电压左右。

（3）恒 U_R（控制电压）方式起励。恒 U_R 方式只适用于他励励磁方式，可以做到从零电压或残压开始人工调节逐渐增加励磁而升压，完成起励建压任务。

三、任务内容与步骤

常规励磁装置起励建压在项目一中已做过，此处以微机励磁为主。

（1）选定实验台上的"励磁方式"为"微机控制"，"励磁电源"为"他励"，微机励磁装置菜单里的"励磁调节方式"为"恒U_g"和"恒U_g预定值"为400 V。

①参照第1章中的"发电机组起励建压"步骤操作。

②观测控制柜上的"发电机励磁电压"表和"发电机励磁电流"表的指针摆动。

（2）选定"微机控制""自励"，设"恒U_g"和"恒U_g预定值"为400 V。操作步骤见实验台指导书。

（3）选定"微机控制""他励"，设"恒I_e"和"恒I_e预定值"为1 400 mA。操作步骤见实验台指导书。

（4）选定"微机控制""自励"，设"恒I_e"和"恒I_e预定值"为1 400 mA。操作步骤见实验台指导书。

（5）选定"微机控制""他励"，设"恒U_R"和"恒U_R预定值"为5 000 mV。操作步骤见实验台指导书。

四、总结与提高

（1）比较起励时自并励和他励的不同。

（2）比较各种起励方式有何不同。

任务二　励磁调节器控制方式及其相互切换

一、任务目的

（1）了解微机励磁调节器的几种控制方式及其各自特点。

（2）通过实验理解励磁调节器无扰动切换的重要性。

二、任务说明

励磁调节器具有4种控制方式：恒发电机电压U_g、恒励磁电流I_e、恒给定电压U_R和恒无功Q。其中，恒U_R为开环控制，而恒U_g、恒I_e和恒Q三种控制方式均采用PID控制，系统由PID控制器和被控对象组成，PID算法可表示为：

$$e(t) = r(t) - c(t) \tag{3-18}$$

$$u(t) = K_P\{e(t) + 1/T_I\int e(t)\,\mathrm{d}t + T_D\mathrm{d}[e(t)]/\mathrm{d}t\} \tag{3-19}$$

式中　$u(t)$——调节计算的输出；

K_P——比例增益；

T_I——积分常数；

T_D——微分常数。

因上述算法用于连续模拟控制，而此处采用采样控制，故对上述两个方程离散化，当采样周期 T 很小时，用一阶差分代替一阶微分，用累加代替积分，则第 n 次采样的调节量为：

$$u(n) = K_P\{e(n) + T/T_I \sum e(i) + T_D/T[e(n) - e(n-1)]\} + u_0$$

$$(3-20)$$

式中 u_0——偏差为 0 时的初值。

则第 $n-1$ 次采样的调节量为：

$$u(n-1) = K_P\{e(n-1) + T/T_I \sum e(i) + T_D/T[e(n-1) - e(n-2)]\} + u_0$$

$$(3-21)$$

式（3-20）与式（3-21）相减，得增量型 PID 算法，表示如下：

$$\Delta u(n) = u(n) - u(n-1) =$$
$$K_P[e(n) - e(n-1)] + K_I e(n) + K_D[e(n) - 2e(n-1) + e(n-2)]$$

$$(3-22)$$

式中 K_P——比例系数；

K_I——积分系数，$K_I = \dfrac{T}{T_I} K_P$；

K_D——微分系数，$K_D = \dfrac{T_D}{T} K_P$。

每种控制方式对应一套 PID 参数（K_P、K_I 和 K_D），可根据要求设置，其设置原则：比例系数加大，系统响应速度快，减小误差；比例系数偏大，振荡次数变多，调节时间加长；比例系数太大，系统趋于不稳定。积分系数加大，可提高系统的无差度；积分系数偏大，振荡次数变多。微分系数加大，可使超调量减少，调节时间缩短；微分系数偏大时，超调量较大，调节时间加长。

为了保证各控制方式间能无扰动的切换，本装置采用了增量型 PID 算法。

三、任务内容与步骤

以下内容均由 THLWL-3 微机励磁装置完成，励磁采用"他励"；系统与发电机组间的线路采用双回线。

具体操作如下。

（1）合上控制柜上的所有电源开关；然后合上实验台上的所有电源开关。合闸顺序：先总开关，后三相开关，再单相开关。

（2）选定实验台面板上的旋钮开关的位置：将"励磁方式"旋钮开关打到"微机控制"位置；将"励磁电源"旋钮开关打到"他励"位置。

（3）使实验台上的线路开关 QF1、QF3、QF2、QF6、QF7 和 QF4 处于"合

闸"状态，QF5 处于"分闸"状态。

1. 恒 U_g 方式

（1）设置 THLWL－3 微机励磁装置的"励磁调节方式"为"恒 U_g"，具体操作为：进入主菜单，选定"系统设置"，接着按下"确认"键，进入子菜单，然后不断按下"▼"键，翻页找到子菜单"励磁调节方式"，再次按下"确认"键。最后按下"＋"键，选择"恒 U_g"方式。

（2）设置 THLWL－3 微机励磁装置的"恒 U_g 预定值"为"400 V"，具体操作同上。

（3）发电机组起励建压，使原动机转速为 1 500 r/min，发电机电压为额定电压 400 V。

（4）发电机组不并网，通过调节原动机转速来调节发电机电压的频率，频率变化在 45～55 Hz 范围内，频率数值可从 THLWL－3 微机励磁装置读取。具体操作为：按下 THLWT－3 微机调速装置面板上的"＋"键或"－"键来调节原动机的转速。

（5）从 THLWL－3 微机励磁装置读取发电机电压、励磁电流和给定电压的数值并记录到表 3－1 中。

表 3－1　记录发电机电压、励磁电流和给定电压的数值

序号	发电机频率 f_g/Hz	发电机电压 U_g/V	励磁电流 I_e/A	励磁电压 U_e/V	给定电压 U_R/V
1	45.0				
2	46.0				
3	47.0				
4	48.0				
5	49.0				
6	50.0				
7	51.0				
8	52.0				
9	53.0				
10	54.0				
11	55.0				

2. 恒 I_e 方式

（1）设置 THLWL－3 微机励磁装置的"励磁调节方式"为"恒 I_e"，具体操作同恒 U_g 方式实验步骤（1）。

（2）设置 THLWL－3 微机励磁装置的"恒 I_e 预定值"为"1 400 mA"，具

体操作同恒 U_g 方式实验步骤（2）。

（3）重复恒 U_g 方式实验步骤（3）、（4），从 THLWL-3 微机励磁装置读取发电机电压、励磁电流和给定电压的数值并记录于表 3-2 中。

表 3-2　记录发电机电压、励磁电流和给定电压的数值

序号	发电机频率 f_g/Hz	发电机电压 U_g/V	励磁电流 I_e/A	励磁电压 U_e/V	给定电压 U_R/V
1	45.0				
2	46.0				
3	47.0				
4	48.0				
5	49.0				
6	50.0				
7	51.0				
8	52.0				
9	53.0				
10	54.0				
11	55.0				

3. 恒 U_R 方式

（1）设置 THLWL-3 微机励磁装置的"励磁调节方式"为"恒 U_R"，具体操作同恒 U_g 方式实验步骤（1）。

（2）设置 THLWL-3 微机励磁装置的"恒 U_R 预定值"为"4 760 mV"，具体操作同恒 U_g 方式实验步骤（2）。

（3）重复恒 U_g 方式实验步骤（3）、（4），从 THLWL-3 微机励磁装置读取发电机电压、励磁电流和给定电压的数值，并记录于表 3-3 中。

4. 恒 Q 方式

（1）重复恒 U_g 方式实验步骤（1）、（2）和（3）。

（2）将发电机组与系统并网。

（3）并网后，通过调节调速装置使发电机组发出一定的有功功率，通过调节励磁或系统电压使发电机组发出一定的无功功率。要求保证发电机功率因数为0.8。具体操作为：按下 THLWT-3 微机调速装置面板上的"＋"键或"－"键来增大或减小有功功率；降低 15 kVA 自耦调压器的电压，使发电机发出一定的无功功率。

（4）选择"恒 Q"方式，具体操作如下：按下 THLWL-3 微机励磁装置面板上的"恒 Q"键（注：并网前按下"恒 Q"键是非法操作，装置将视该操作为无效操作）。

（5）改变系统电压，从 THLWL - 3 微机励磁装置读取发电机电压、励磁电流、给定电压和无功功率数值，并记录于表 3 - 4 中。

表 3 - 3　记录发电机电压、励磁电流和给定电压数值

序号	发电机频率 f_g/Hz	发电机电压 U_g/V	励磁电流 I_e/A	励磁电压 U_e/V	给定电压 U_R/V
1	45.0				
2	46.0				
3	47.0				
4	48.0				
5	49.0				
6	50.0	400			
7	51.0				
8	52.0				
9	53.0				
10	54.0				
11	55.0				

表 3 - 4　记录发电机电压、励磁电流、给定电压和无功功率数值

序号	系统电压 U_s/V	发电机电压 U_g/V	发电机电流 I_g/A	励磁电流 I_e/A	给定电压 U_R/V	有功功率 P/kW	无功功率 Q/kVar
1	380						
2	370						
3	360						
4	350						
5	390						
6	400						
7	410						

注：四种控制方式相互切换时，切换前后运行工作点应重合。

5. 负荷调节

（1）设置子菜单"励磁调节方式"为"恒 U_g"方式，操作参照恒 U_g 方式实验步骤（1）。

（2）将系统电压调到 300 V（调节自耦调压器到 300 V），发电机组并网，具体操作参照第 1 章。

（3）调节发电机发出的有功功率和无功功率到额定值，即：$P = 2$ kW，$Q =$

1.5 kVar。调节有功功率，即按下 THLWT - 3 微机调速装置面板上的"＋"键或"－"键来增大或减小有功功率；调节无功功率，即按下 THLWL - 3 微机调速装置面板上的"＋"键或"－"键来增大或减小无功功率。

（4）从 THLWL - 3 微机调速装置读取功角，从 THLWL - 3 微机调速装置读取励磁电流和励磁电压，并记录数据于表 3 - 5 中。

（5）重复步骤（3），调节发电机发出的有功功率和无功功率为额定值的一半。

（6）重复步骤（4）。

（7）重复步骤（3），调节发电机输出的有功功率和无功功率接近 0。

（8）重复步骤（4）。

表 3 - 5　记录励磁电流和励磁电压数据

发电机状态	励磁电流 I_e/A	励磁电压 U_e/V	功角 δ/（°）
空载			/
半负载			
额定负载			

四、总结与提高

（1）自行体会和总结微机励磁调节器四种运行方式的特点。说说他们各适合于那种场合应用？对电力系统运行而言，哪一种运行方式最好？主要就电压质量、无功负荷平衡、电力系统稳定性等方面进行比较。

（2）分析励磁调节器的工作过程及其作用。

任务三　跳灭磁开关灭磁和逆变灭磁

一、任务目标

（1）理解灭磁的作用、原理和方式。

（2）加深对三相整流电路有源逆变工作状态的理解。

二、任务说明

当发电机内部、引出线与发电机直接连接的主变压器内部或与发电机出口直接连接的厂用变压器内部发生故障时，虽然继电保护装置能快速地使发电机出口回路的断路器跳开，切断故障点与系统的联系，但发电机励磁电流产生的感应电动势会继续维持故障电流。为了快速限制发电机内部或与其直接相连的变压器内部的故障范围，减小其损坏程度，必须尽快地降低发电机电动势，即需要把励磁绕组电流建立的磁场迅速地降低到尽可能小。把发电机磁场迅速降低到尽可能小的过程称为灭磁。

如上所述，对发电机灭磁的主要要求是可靠而迅速地消耗储存在发电机中的磁场能量。最简单的灭磁方式是切断发电机的励磁绕组与电源的连接。但是，这样将使励磁绕组两端产生较高的过电压，危及到主机绝缘的安全。为此，灭磁时必须使励磁绕组接至可使磁场能量耗损的闭合回路中。

根据实现灭磁方式的不同，分为跳灭磁开关灭磁和逆变灭磁。

跳灭磁开关灭磁原理如图 3 - 25 所示。

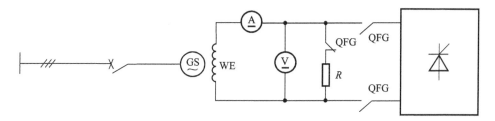

图 3 - 25　跳灭磁开关灭磁原理示意图

灭磁时，灭磁开关 QFG 的常开触点断开，切断了发电机励磁绕组和电源的连接；灭磁开关 QFG 的常闭触点闭合，使与发电机励磁绕组并联的线性电阻 R 接入回路，由此电阻消耗发电机的磁场能量，完成了灭磁。

逆变灭磁原理如图 3 - 26 所示。

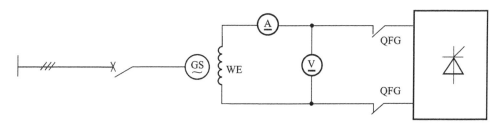

图 3 - 26　逆变灭磁原理示意图

当触发控制角大于 90° 时，全控桥将工作在有源逆变状态下，此时转子储存的磁场能量就以续流的形式经全控桥反送到交流电源，以使转子磁场的能量不断减少，达到灭磁目的。此时，灭磁开关 QFG 的常闭触点处于断开状态，即线性电阻 R 未接入回路；灭磁开关 QFG 的常开触点闭合，这是与跳灭磁开关灭磁不同的。

三、任务内容与步骤

1. 跳灭磁开关灭磁

（1）将实验台面板上的"励磁方式"旋钮旋至"常规控制"，"励磁电源"切至"他励"方式。

（2）发电机组的起励建压，具体操作参照第 1 章。

（3）按下 THLCL - 2 常规可控励磁装置面板上的"灭磁"按钮，记录励磁电流和励磁电压的变化（观察控制柜上的励磁电流表和电压表），并通过示波器观测励磁电压 U_e（对应面板上的 U_d）波形。

（4）发电机组停机，具体操作参照第 1 章。

2. 逆变灭磁

（1）将实验台面板上的"励磁方式"旋钮旋至"微机控制"，"励磁电源"切至"他励"方式。

（2）发电机组的起励建压，具体操作参照第 1 章。

（3）按下 THLWL - 3 微机励磁装置面板上的"灭磁"键，记录励磁电流和励磁电压的变化（观察控制柜上的励磁电流表和电压表），并录制励磁电压波形，分析变化规律。

（4）发电机组停机。

四、总结与提高

（1）分析在他励方式下逆变灭磁与在自并励下逆变灭磁有什么差别？

（2）分析灭磁为何只能在空载下进行，若在发电机并网状态下灭磁会导致什么后果。

任务四　欠励限制

一、任务目标

（1）掌握欠励限制的作用、工作原理、特性曲线及其整定方法。

（2）深入理解"V"形曲线和功率圆图，分析研究欠励运行与机组稳定的关系。

二、任务说明

欠励限制的作用就是当发电机处于进相运行时，将其最小励磁值限制在发电机临界失步稳定极限范围内，并且使最小励磁值不致低于发电机进相运行时定子端部绕组及铁芯部件的发热允许范围。

自并励方式励磁的同步发电机，当并列运行于容量不大而电压波动较大的电网中，在电网电压升高时（比如由于电力系统高压线路空载运行，或无功补偿电容在电力系统负荷低谷时未及时切除，造成系统无功过剩），自并励励磁系统由于电压负反馈的调节作用，会自动使发电机励磁电流大幅度降低。当发电机励磁电流小于某一定值时，其功率因数角将由滞后变为超前，发电机自动带上容性负载，即所谓"进相"运行，进入"进相"的励磁状态称为"欠励"状态。根据凸极同步发电机的功率方程式：

$$P = \frac{E_q U_s}{X_d - X_L}\sin\delta + \frac{U_s^2(X_d - X_q)}{2(X_d + X_L)(X_q + X_L)}\sin 2\delta \qquad (3-23)$$

式中　P——发电机有功功率；

　　　E_q——发电机空载电势；

　　　U_s——系统电压；

　　　δ——功角；

　　　X_L——线路电抗；

　　　X_d——发电机纵轴同步电抗；

　　　X_q——发电机横轴同步电抗。

当 P、U_s、X_d、X_q、X_L 确定后，励磁电流减少，引起 E_q 减少，必然导致功角 δ 增大，当 $\delta > 90°$时，电机失步。发电机运行的 P（有功）$-Q$（无功）极限在电机理论中可由功角特性得出同步发电机的"V"形曲线（见图 3-27）或由功率圆图来确定（见图 3-28）。由"V"形曲线可知，发电机带上不同的有功负载时，分别"进相"到不同程度后即失去稳定。所以，当发电机带上某一有功功率时，为保证发电机稳定运行，其最小励磁电流由"V"形曲线就可确定。发电机所带有功负载越大，则允许"进相"的范围就越小，即励磁电流最小限制值越高。

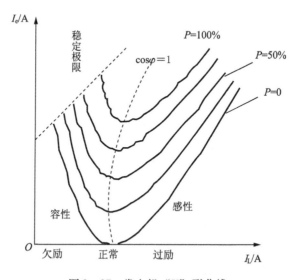

图 3-27　发电机"V"形曲线

最小励磁限制和最大容性无功功率（或电流）限制是同一回事。因为在发电机并联运行情况下，容性无功功率的增大是欠激励磁电流减小的必然反应，因此欠激励磁电流的测量和最小励磁电流的限制都可以通过容性无功功率来实现。

保持静态稳定极限所允许的 $P-Q$ 关系，可由发电机的功角特性和静态稳定特性的条件 $\mathrm{d}P/\mathrm{d}\delta=0$ 来推导。从而可作出保证静态稳定极限下的凸极同步发电机的 $P-Q$ 关系功率圆图。

$P-Q$ 关系功率圆图的半径及圆心的参数见图 3-28 所示，图中虚线为凸极机的 $P-Q$ 曲线。弧线的下方为发电机失步运行区。

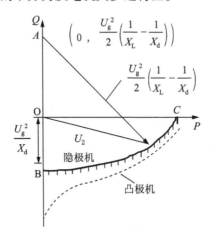

图 3-28　静稳定条件下的功率圆图

显然，为了保证机组有一定静稳定储备和避免水轮发电机由于欠励运行造成定子端部发热，需要限制发电机的最小励磁电流，也就是相应地限制发电机的最大进相无功电流（或功率）。

当电网电压波动较大，而发电机容量相对较小，并且有灵敏的励磁调节器时，甚至还可能发生因为电网电压升高，该机自动强减而失磁或自同期并网时发生失磁，因此考虑这一因素，也有必要装设欠励限制电路。

对于自复励的发电机，因有复励分量，可以不装设欠励限制。

总之，欠励限制器的任务就是确保在任何情况下，限制发电机的进相无功不超过允许范围，当进相无功超过允许范围时，欠励限制器将限制励磁电流的减少。

三、任务内容与步骤

（1）合上控制柜上的所有电源开关；然后合上实验台上的所有电源开关。合闸顺序：先总开关，后三相开关，再单相开关。

（2）选定实验台上面板的旋钮开关的位置：将"励磁方式"旋钮开关打到"微机控制"位置；将"励磁电源"旋钮开关打到"他励"位置。

（3）发电机组和系统间的线路采用单回线，使实验台上的线路开关 QF1 和 QF3 处于"合闸"状态，QF2、QF6、QF7、QF4 和 QF5 处于"分闸"状态。

（4）设置 THLWL-3 微机励磁装置的"励磁调节方式"为"恒 U_g"；设置

THLWL－3 微机励磁装置的"恒 U_g 预定值"为"300V"；具体操作见THLWL－3 微机励磁装置使用说明。

（5）发电机组起励建压，使原动机转速为 1 500 r/min，发电机电压为 300 V。

（6）调节系统电压为 300 V。

（7）发电机组与系统并网。

（8）设置微机励磁装置的低励限制斜率，低励磁限制截距。限制曲线按照公式：

$$Q = K_d \times P/128 - K_b$$

（9）调节有功功率输出分别为 0、50% 和 100% 的额定负载。用减小励磁电流（按下 THLWL－3 微机励磁装置面板上的"－"键）的方法使发电机组进相运行，直到欠励限制器动作（欠励限制指示灯亮），记下此时的有功功率 P 和无功功率 Q 于表 3－6 中。

（10）根据实验数据在图 3－29 中作出欠励限制曲线 $P = f(Q)$，并计算出该直线的斜率和截距。

四、总结与提高

（1）简述欠励运行会造成的危害。

（2）分析欠励无功电流限制的实验原理及其操作方法。

（3）研究无功电流限制整定特性曲线对确定实际欠励限制整定的作用。

表 3－6　记录有功功率和无功功率

发电机有功功率 P/kW	欠励限制动作时的 Q 值/kVar
零功率	
50% 额定有功	
100% 额定有功	

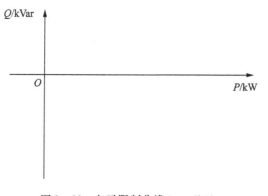

图 3－29　欠励限制曲线 $P = f(Q)$

任务五　同步发电机强励

一、任务目标

（1）了解强励的作用。

（2）掌握励磁电压上升速度和强励倍数等几个概念。

二、任务说明

强励是励磁控制系统基本功能之一，前面已经提到，从改善电力系统运行条件和提高电力系统暂态稳定性来说，希望励磁功率单元具有较大的强励能力和快速的响应能力。因此，在励磁系统中励磁顶值电压和上升速度是两项重要的技术指标。

励磁顶值电压 U_{EFq} 是励磁功率单元在强行励磁时，可能提供的最高输出电压值与额定工况下励磁电压 U_e 之比，称为强励倍数。其值的大小，涉及制造和成本因素，一般取 $1.6 \sim 2$ 倍。

当电力系统由于某种原因出现短时低压时，励磁系统应以足够快的速度提供足够高的励磁电流顶值，借以提高电力系统暂态稳定性和改善电力系统运行条件，在并网时，模拟单相接地和两相间短路故障可以观察强励过程。

在某些事故情况下，系统母线电压极度降低，说明电力系统无功缺额很大，为了使系统电压迅速恢复正常，就要求有关的发电机转子磁场能够迅速增强，达到尽可能高的数值，以弥补系统无功功率的缺额。因此转子励磁电压的最大值及其磁场建立的速度（也可以说是响应速度）问题，是两个十分重要的指标，一般称为强励顶值与响应比。

三、任务内容与步骤

（1）合上控制柜上的所有电源开关；然后合上实验台上的所有电源开关。合闸顺序：先总开关，后三相开关，再单相开关。

（2）选定实验台上面板的旋钮开关的位置：将"励磁方式"旋钮开关打到"微机控制"位置；将"励磁电源"旋钮开关打到"他励"位置。

（3）发电机组和系统间的线路采用单回线，使实验台上的线路开关 QF1 和 QF3 处于"合闸"状态，QF2、QF6、QF7、QF4 和 QF5 处于"分闸"状态。

（4）设置 THLWL-3 微机励磁装置的"励磁调节方式"为"恒 U_g"；设置 THLWL-3 微机励磁装置的"恒 U_g 预定值"为"300V"；具体操作见 THLWL-3 微机励磁装置使用说明。

（5）发电机组起励建压，使原动机转速为 1 500 r/min，发电机电压为

300 V。

（6）调节系统电压为 300 V。

（7）发电机组与系统并网。

注：发电机组和系统间的线路采用单回线，选用可控线路。使实验台上的线路开关 QF2、QF4 和 QF6 处于"合闸"状态，QF1、QF3、QF7 和 QF5 处于"分闸"状态。

（8）使发电机有功和无功输出为 50% 额定负载，可通过调节 THLWT - 3 微机调速装置和 THLWL - 3 微机励磁装置来实现。

（9）设置单相接地故障。具体步骤如下。

①按下实验台上的"SBb"和"SB0"按钮。

②设置实验台上的"短路持续时间设定"继电器的时间。

注：要求该时间不超过 10 s，否则实验台内部设备将因过热烧坏。

③按下实验台上的"S1"按钮。

（10）观察实验台和控制柜上的测量发电机端电压、励磁电流和励磁电压表的指针变化情况，通过示波器观察强励时的励磁电压 U_e 波形。将测量结果记录入表 3 - 7 中。

（11）撤销单相接地故障。具体步骤如下。

①按下实验台上的"S1"按钮。

②按下实验台上的"SBb"和"SB0"按钮。

（12）设置两相短路故障。具体步骤如下。

①按下实验台上的"SBa"和"SBb"按钮。

②设置实验台上的"短路持续时间设定"继电器的时间。要求该时间不超过 10 s，否则实验台内部设备将因过热烧坏。

③按下 THLZD - 2 电力系统综合自动化实验台上的"S1"按钮。

（13）观察 THLZD - 2 电力系统综合自动化实验台和控制柜上的测量发电机端电压、励磁电流和励磁电压表的指针变化情况，通过示波器观察强励时的励磁电压 U_e 波形。将测量结果记录入表 3 - 7 中。

（14）上述励磁方式为"他励"，当励磁方式为"自励"时，重复上述步骤。

表 3 - 7　记录励磁电流最大值与发电机电流最大值

方式 电流值	自励		他励	
	单相接地短路	两相间短路	单相接地短路	两相间短路
励磁电流最大值 $I_{e\,max}/A$				
发电机电流最大值 $I_{g\,max}/A$				

四、总结与提高

分析在他励方式下强励与在自并励方式下强励有什么区别？

项目四　电力系统功率特性和功率极限

一、项目目标

（1）加深理解发电机功率特性和功率极限的概念。

（2）通过实验了解提高电力系统功率极限的措施。

二、项目说明

图 3 – 30 为一个简单电力系统示意图，其中发电机通过升压变压器 T1、输电线路和降压变压器 T2 接到无限大容量系统，为了分析方便，往往不计各元件的电阻和导纳。

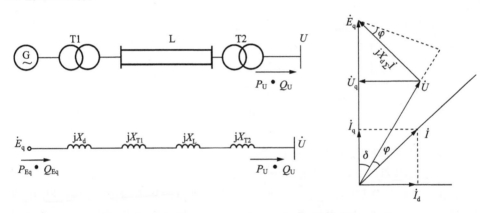

图 3 – 30　简单电力系统的等值电路及相量图

设发电机至系统 d 轴和 q 轴总电抗分别为 $X_{d\Sigma}$ 和 $X_{q\Sigma}$。

1. 隐极发电机功率的功率特性

发电机电势 E_q 点的功率为：

$$P_{Eq} = \frac{E_q U}{X_{d\Sigma}} \sin\delta$$

$$Q_{Eq} = \frac{E_q^2}{X_{d\Sigma}} - \frac{E_q U}{X_{d\Sigma}} \cos\delta$$

发电机输送到系统的功率为：

$$P_{\mathrm{U}} = \frac{E_{\mathrm{q}}U}{X_{\mathrm{d}\Sigma}}\sin\delta$$

$$Q_{\mathrm{U}} = \frac{E_{\mathrm{q}}U}{X_{\mathrm{d}\Sigma}}\cos\delta - \frac{U^2}{X_{\mathrm{d}\Sigma}}$$

发电机无调节励磁时，电势 E_{q} 为常数，从上公式可知：

$$P_{\mathrm{Eqm}} = \frac{E_{\mathrm{q}}U}{X_{\mathrm{d}\Sigma}}$$

当发电机装有励磁调节器时，为了维持发电机端压水平，发电机电势 E_{q} 随运行情况而变化。

2. 凸极发电机功率的功率特性

$$P_{\mathrm{Eq}} = \frac{E_{\mathrm{q}}U}{X_{\mathrm{d}\Sigma}}\sin\delta + \frac{U^2}{2} \times \frac{X_{\mathrm{d}\Sigma} - X_{\mathrm{q}\Sigma}}{X_{\mathrm{d}\Sigma}X_{\mathrm{q}\Sigma}}\sin2\delta$$

随着电力系统的发展和扩大，电力系统的稳定性问题更加突出，而提高电力系统稳定性和输送能力的最重要手段之一是尽可能提高电力系统的功率极限，从简单电力系统功率极限的表达式看，提高功率极限可以通过发电机装设性能良好的励磁调节器以提高发电机电势、增加并联运行线路回路数或串联电容补偿等手段以减少系统电抗、受端系统维持较高的运行电压水平或输电线采用中继同步调相机或中继电力系统以稳定系统中继点电压等手段实现。

三、项目内容与步骤

开电源前，调整实验台上各切换开关的位置，确保三个电压指示为同一相电压或线电压；发电机运行方式为并网运行；发电机励磁方式为手动励磁；并网方式为手动同期。

1. 无调节励磁时，功率特性和功率极限的测定

（1）网络结构变化对系统静态稳定的影响（改变输电线路阻抗）。

在相同的运行条件下（即系统电压 U_{s}、发电机电动势保持不变，即并网前 $U_{\mathrm{s}} = E_{\mathrm{q}}$），测定输电线为单回线和双回线运行时，发电机的功 - 角特性曲线；特别是单回线功率极限值和达到功率极限时的功角值。同时观察并记录系统中其他运行参数（如发电机端电压等）的变化。将两种情况下的结果加以比较和分析。实验步骤如下。

① 输电线路选择 XL2 和 XL4（即 QF2 和 QF4 合闸），系统侧电压 $U_{\mathrm{s}} =$ 300 V，发电机组启机，建压，并网，通过可控线路单回路并网输电（使用带指示灯的可控回路）。

注：发电机和系统电压都调整为 300 V！

② 发电机与系统并列后，调节发电机使其输出有功功率为零。

③ 在有功功率为零的情况下将微机调速装置的功角置零（功角 $\delta = 0°$ 的基准

计算点设置方法：通过加速键（+）或减速键（-）调节发电机组输出的有功功率为 0，此时按下确认键，将调速器功角显示设置为 0°，如果设置错误，可以按"取消"键，重新设置）。

④ 逐步增加发电机输出的有功功率，不调节发电机的励磁电流（I_e 恒定），观察并记录系统中运行参数的变化，填入表 3-8 中。功角可以通过微机调速装置或者功角指示装置读取。功角指示装置的使用方法，详见实验台指导书的附录一。

注：在功率调节过程中，有功功率应缓慢调节，每次调节后，需等待一段时间特别是在临界值附近（$\delta = 70°$），观察系统是否稳定，以取得准确的测量数值。

注：在调节功率过程中一旦出现失步问题，立即进行以下操作，使发电机恢复同步运行状态：操作微机调速装置上的"-"减速键，减小有功功率；调节手动调压变压器，顺时针增大励磁电流，增加无功功率；单回路切换成双回路。

⑤ 将单回线改为双回线，重复上述步骤，填入表 3-9 中。

⑥ 发电机组的解列和停机：保持发电机组的 $P = 0$，$Q = 0$，此时按下 QF0 分闸按钮，再按下控制柜上的灭磁按钮，按下微机调速装置的停止键，转速减小到 0 时，关闭原动机电源。

⑦ 实验台和控制柜设备的断电操作：依次断开实验台的"单相电源""三相电源"和"总电源"以及控制柜的"单相电源""三相电源"和"总电源"（空气开关向下扳至"OFF"位置）。

表 3-8　单回线（$U_s = 300$ V）

$\delta / (°)$	0	10	20	30	40	50	60	70		
P_1 / kW										
$\Delta Q_1 / \text{kVar}$										
P_2 / kW										
U_g / V										
U_{sw} / V										
I_A / A										
I_e / A										

P_1——送端功率；　ΔQ_1——送端无功方向；　P_2——收端功率；

U_g，U_{sw}——发电机侧、中间站线电压；　I_A——发电机相电流；

I_e——发电机励磁电流。

注：无功只需记录其方向。

表 3 - 9　双回线　　　　($U_s = 300$ V)

$\delta/$ (°)	0	10	20	30	40	50	60	70		
$P_1/$kW										
$\Delta Q_1/$kVar										
$P_2/$kW										
$U_g/$V										
$U_{sw}/$V										
$I_A/$A										
$I_e/$A										

（2）并网前，发电机电动势 E_q 不同时对系统静态稳定的影响。

在同一接线及相同的系统电压下，测定并网前发电机电动势不同时（$E_q < U_s$ 或 $E_q > U_s$）发电机的功角特性曲线和功率极限。

实验步骤：

步骤①～④同上 1 -（1）-①～1 -（1）-④。

⑤ 输电线为单回线，保证并网前 $E_q < U_s$，$E_q = 290$ V，并网后，不调节发电机的励磁电流，记录相关数据，填入表 3 - 10 中。

⑥ 单电线仍然为单回线，保证并网前 $E_q > U_s$，$E_q = 310$ V，并网后，不调节发电机的励磁电流。重复上述步骤，记录相关数据，填入表 3 - 11 中。

表 3 - 10　单回线　　($U_s = 300$ V 并网前 $E_q = 290$ V $< U_s$)

$\delta/$ (°)	0	10	20	30	40	50	60	70		
$P_1/$kW										
$\Delta Q_1/$kVar										
$P_2/$kW										
$U_g/$V										
$U_{sw}/$V										
$I_A/$A										
$I_e/$A										

表 3 - 11　单回线 ($U_s = 300$ V，并网前 $E_q = 290$ V $< U_s$)

$\delta/$ (°)	0	10	20	30	40	50	60	70		
$P_1/$kW										
$\Delta Q_1/$kVar										
$P_2/$kW										
$U_g/$V										
$U_{sw}/$V										
$I_A/$A										
$I_e/$A										

2. 手动调节励磁时，功率特性和功率极限的测定

给定初始运行方式，在增加发电机有功输出时，手动调节励磁保持发电机端电压恒定，测定发电机的功角曲线和功率极限，并与无调节励磁时所得的结果比较分析，说明励磁调节对功率特性的影响。实验步骤如下。

实验步骤同上 1 -(1) -①~1 -(1) -④。

⑤ 逐步增加发电机输出有功功率，调节发电机励磁电流，保持端电压恒定，观察并记录系统中运行参数的变化，填入表3 - 12 中。

表3 - 12　单回线（U_s =300 V手动调节励磁）

$\delta/$ (°)	0	10	20	30	40	50	60	70		
P_1/kW										
ΔQ_1/kVar										
P_2/kW										
U_g/V										
U_{sw}/V										
I_A/A										
I_e/A										

3. 自动调节励磁时，功率特性和功率极限的测定

给定初始运行方式，在增加发电机有功输出时，利用自动励磁调节器的恒压功能保持发电机端电压恒定，测定发电机的功角曲线和功率极限，并与无调节励磁时所得的结果比较分析，说明励磁调节对功率特性的影响。实验中自动励磁调节器以常规励磁他励为例，实验人员也可根据需要选用微机励磁方式，励磁电源也可选用自并励。

实验步骤：

步骤①~③同上 1 -(1) -①~1 -(1) -③。

④ 逐步增加发电机输出有功功率，观察并记录系统中运行参数的变化，填入表3 - 13 中。测定在有自动励磁调节下的功率特性和功率极限，并将结果与无调节励磁和手动调节励磁时的结果比较，分析自动励磁调节器的作用。

表 3 – 13 单回线 ($U_s=300$ V，常规他励)

$\delta/$ (°)	0	10	20	30	40	50	60	70		
P_1/kW										
$\Delta Q_1/\text{kVar}$										
P_2/kW										
U_g/V										
U_{sw}/V										
I_A/A										
I_e/A										

⑤ 发电机组的解列和停机，保持发电机组的 $P=0$，$Q=0$，此时按下 QF0 分闸按钮，再按下控制柜上的灭磁按钮，按下调速器的停止键，转速减小到 0 时，将原动机电源开关旋至关的位置。

⑥ 实验台和控制柜设备的断电操作：依次断开实验台的"单相电源""三相电源"和"总电源"以及控制柜的"单相电源""三相电源"和"总电源"（空气开关向下扳至"OFF"位置）。

第 4 章

电力系统频率调节

4.1 电力系统的频率特性

4.1.1 概　　述

　　电力系统的频率是指电力系统中同步发电机产生的正弦交流电压的频率，是电力系统运行参数中重要的参数之一。在稳态运行条件下，所有发电机同步运行，整个电力系统的频率是相等的。并列运行的每一台发电机组的转速与系统频率的关系为：

$$f = \frac{pn}{60} \qquad\qquad (4-1)$$

式中　f——发电机频率，Hz
　　　　p——发电机转子的极对数；
　　　　n——机组转速，r/min。

　　由上式可知，要控制发电机频率就得控制机组转速。

　　在稳态电力系统，机组发出的功率与整个系统的负荷功率加上系统总损耗之和是相等的。当系统的负荷功率增加时，系统就出现了功率缺额。此时，机组的转速下降，整个系统的频率降低。

　　可见，系统频率的变化是由于发电机的负荷功率与原动机输入功率之间失去平衡所致，因此调频与有功功率调节是分不开的。

　　电力系统负荷是不断变化的，而原动机输入功率的改变则较为缓慢，因此系统中频率的波动是难免的。图 4-1 是电力系统中负荷瞬时变动情况的示意图。从图中看出，负荷的变动情况可以分解成几种不同的分量：一是变化周

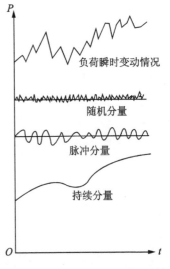

图 4-1　电力系统负荷变动情况

期一般小于 10 s 的随机分量；二是变化周期在 10 s ~ 3 min 之间的脉动分量，其变化幅度比随机分量要大些，如延压机械、电炉和电气机车等。三是变化十分缓慢的持续分量并带有周期规律的负荷，大都是由于工厂的作息制度、人民的生活习惯和气象条件的变化等原因造成的，这是负荷变化中的主体，负荷预测中主要就是预报这一部分。

负荷的变化必将引起电力系统频率的变化，因此要求电力系统中发电机发出的有功功率也要做相应的变化，以使系统在规定的频率水平上达到功率平衡。

第一种负荷变化引起的频率偏移，一般利用发电机组上装设的调速器来控制和调整原动机的输入功率，以维持系统的频率水平，称为频率的一次调整。第二种负荷变化引起的频率偏移较大，仅仅靠调速器的控制作用往往不能将频率偏移限制在允许范围内，这时必须由调频器参与控制和调整，这种调整称为频率的二次调整。第三种负荷变化可以用负荷预测的方法预先估计得到。调度部门预先编制的系统日负荷曲线主要反映这部分负荷的变化规律。

4.1.2 电力系统频率控制的必要性

1. 频率对电力用户的影响

（1）电力系统频率变化会引起异步电动机转速变化，这会使得电动机所驱动的加工工业产品的机械转速发生变化。有些产品（如纺织和造纸行业的产品）对加工机械的转速要求很高，转速不稳定会影响产品质量，甚至会出现次品和废品。

（2）系统频率波动会影响某些测量和控制用的电子设备的准确性和性能，频率过低时有些设备甚至无法工作。这对一些重要工业和国防是不能允许的。

（3）电力系统频率降低将使电动机的转速和输出功率降低，导致其所带动机械的转速和出力降低，影响电力用户设备的正常运行。

2. 频率对电力系统的影响

（1）频率下降时，汽轮机叶片的振动会变大，轻则影响使用寿命，重则可能产生裂纹。对于额定频率为 50 Hz 的电力系统，当频率降低到 45 Hz 附近时，某些汽轮机的叶片可能发生共振而断裂，造成重大事故。

（2）下降到 47 ~ 48 Hz 时，由异步电动机驱动的送风机、吸风机、给水泵、循环水泵和磨煤机等发电厂厂用机械的出力随之下降，使火电厂锅炉和汽轮机的出力随之下降，从而使火电厂发电机发出的有功功率下降。这种趋势如果不能及时制止，就会在短时间内使电力系统频率下降到不能允许的程度，这种现象称为频率雪崩。出现频率雪崩会造成大面积停电，甚至使整个系统瓦解。

（3）核电厂中，反应堆冷却介质泵对供电频率有严格要求。当频率降到一定数值时，冷却介质泵即自动跳开，使反应堆停止运行。

（4）电力系统频率下降时，异步电动机和变压器的励磁电流增加，使异步电动机和变压器的无功损耗增加，引起系统电压下降。频率下降还会引起励磁机出力下降，并使发电机电势下降，导致全系统电压水平降低。如果电力系统原来的电压水平偏低，在频率下降到一定值时，可能出现电压快速而不断地下降，即所谓电压雪崩现象。出现电压雪崩会造成大面积停电，甚至使系统瓦解。

4.1.3 电力系统负荷的调节效应

1. 调节效应

当系统频率变化时，整个系统的有功负荷也要随着改变，即：

$$P_L = F(f) \tag{4-2}$$

这种有功负荷随频率而改变的特性叫做负荷的功率－频率特性。

电力系统中各种有功负荷与频率的关系，可以归纳为以下几类。

（1）与频率变化无关的负荷，如照明、电弧炉、电阻炉、整流负荷等。

（2）与频率成正比的负荷，如切削机床、球磨机、往复式水泵、压缩机、卷扬机等。

（3）与频率的二次方成比例的负荷，如变压器中的涡流损耗，但这种损耗在电网有功损耗中所占比重较小。

（4）与频率的三次方成比例的负荷，如通风机、静水头阻力不大的循环水泵等。

（5）与频率的更高次方成比例的负荷，如静水头阻力很大的给水泵等。

负荷的有功功率随着频率而变化的特性叫做负荷的静态频率特性。电力系统负荷功率与频率的关系为：

$$P_L = a_0 P_{LN} + a_1 P_{LN}\left(\frac{f}{f_N}\right) + a_2 P_{LN}\left(\frac{f}{f_N}\right)^2 + a_3 P_{LN}\left(\frac{f}{f_N}\right)^3 + \cdots a_n P_{LN}\left(\frac{f}{f_N}\right)^n$$

$$\tag{4-3}$$

式中　　f_N——额定频率；

　　　　P_L——系统频率为 f 时，整个系统的有功负荷；

　　　　P_{LN}——系统频率为额定值 f_N 时，整个系统的有功负荷；

　　　　a_0, a_1, $\cdots$, a_n——各类负荷占 P_{LN} 的比例系数。

当频率下降时负荷从系统取用的有功功率将减小；系统频率升高时负荷从系统取用的有功功率将增加。这种现象称为电力系统负荷的频率调节效应，简称负荷调节效应，并用负荷调节效应系数来衡量负荷调节作用的大小。

$$K_L = \frac{dP_L}{df};$$

$$K_{L*} = a_1 + 2a_2 f_* + 3a_3 f_*^2 + \cdots + n a_n f_*^{n-1} \tag{4-4}$$

负荷调节效应与负荷的组成和比重有关。

2. 电力系统频率控制的基本原理

电力系统中并联运行的发电机组都装有调速器。当系统负荷变化时，有可调容量的机组均参与频率的一次调整，而二次调整只由部分发电厂承担。从是否承担频率的二次调整任务出发，可将系统中所有发电厂分为调频厂和非调频厂两类。调频厂负责全系统的频率调整任务；非调频厂在系统正常运行情况下只按调度控制中心预先安排的负荷曲线运行，而不参加频率调整。选择调频电厂时，主要考虑下列因素。

（1）具有足够大的容量和可调范围。

（2）允许的出力调整速度满足系统负荷变化速度的要求。

（3）符合经济运行原则。

（4）联络线上交换功率的变化不致影响系统安全运行。

水轮发电机组的出力调整范围大，允许出力变化速度快，一般宜选水电厂担任调频。

3. 电力系统的有功功率控制

并联运行机组间的有功功率分配为：

$$\Delta P_{Gi} = -\frac{1}{\delta_i}\Delta f_* P_{Gie} \qquad (4-5)$$

式中　ΔP_{Gi}——第 i 台机组增加的功率；

　　　δ_{i*}——用标幺值表示的第 i 台机组的调整系数；

　　　P_{Gie}——第 i 台机组的额定有功功率；

　　　Δf_*——一次调频结束时产生的系统频率。

4.2　调频与调频方程式

调频是二次调节，用自动改变功率给定值 ΔP_C，即上下平移调速器的调节特性的方法，使频率恢复到额定值。调速器的控制电动机称为同步器或调频器，功率给定值增量 ΔP_C 不同时，同步器或调频器就会上下平移调速器的调节特性。它是一个积分环节，只有在输入信号为零时，才不转动，停止调节。

调频器的控制信号有比例、积分、微分 3 种基本形式。

（1）比例调节，按频率偏移的大小，控制调频器按比例地增、减机组功率。这种调频方式只能减小而不能消除系统的频率偏移。

（2）积分调节，按频率偏移对时间的积分来控制调频器。这种方式可以实现无差调节，但负荷变动最初阶段，因控制信号不大而延缓了调节过程。

（3）微分调节，按频率偏移对时间的微分来控制调频器。在负荷变动最初阶段，增、减调节较快，但随着时间推移 Δf 趋于稳定时，调节量也就趋于零，在稳态时不起作用。

这3种形式各有优缺点，应取长补短综合利用，将综合后的信号作为调频器控制信号，改变功率给定值增量，直到控制信号为零时为止。常见的频率和有功功率自动调节方法有以下几种。

1. 有差调频法

（1）调频方程式。有差调频法指用有差调频器进行并联运行，达到系统调频的目的的方法。有差调频器的稳态工作特性可以用下式表示，即：

$$\Delta f + R\Delta P_{\mathrm{C}} = 0 \tag{4-6}$$

（2）调频过程。调频器的调整是向着满足调频方程式的方向进行的，如图4-2所示。

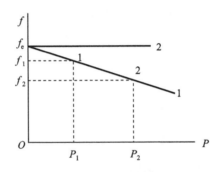

图4-2 有差调频器调频特性

（3）机组间有功功率的分配。当系统中有 n 台机组参加调频，则：

$$
\begin{aligned}
\Delta f + R_1 \Delta R_{\mathrm{C1}} &= 0 \\
\Delta f + R_2 \Delta R_{\mathrm{C2}} &= 0 \\
&\cdots\cdots \\
\Delta f + R_n \Delta R_{\mathrm{C}n} &= 0
\end{aligned}
\tag{4-7}
$$

（4）优缺点。

①各机组同时参加调频，没有先后之分。

②计划外负荷在调频机组间是按一定的比例分配的。

③频率稳定值的偏差较大。

2. 主导发电机法

（1）调频方程式：

$$
\left.
\begin{aligned}
\Delta f &= 0 \quad （发电机1，主导发电机） \\
\Delta P_{\mathrm{C2}} &= K_1 \Delta P_{\mathrm{C1}} \quad （发电机2） \\
&\cdots\cdots \\
\Delta P_{\mathrm{C}n} &= K_{n-1} \Delta P_{\mathrm{C1}} \quad （发电机 n）
\end{aligned}
\right\}
$$

式中　$P_{\mathrm{C}i}$——第 i 调频发电机的有功增量；

K_i——功率分配系数。

（2）调频过程。设系统负荷有了新的增量 ΔP_{fhe}，主导发电机调频器的调节方程的原有平衡状态被首先打破，无差调频器向着满足其调节方程的方向对机组的有功出力进行调整，随之出现了新的 ΔP_1 值，于是其余 $n-1$ 个调频机组的功率分配方程式的原有平衡状态跟着均被打破，它们都会向着满足其功率分方程的方向对各自机组的有功出力进行调节，即出现了"成组调频"的状态。调频过程一直要到 ΔP_{C1} 不再出现新值才告结束。无差调频系统原理图如图 4-3 所示。

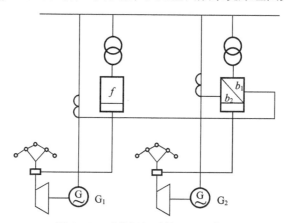

图 4-3　无差调频系统原理示意图

（3）机组间有功功率的分配：

调频结束时：

$$\Delta P_{\text{fhe}} = \sum_{i=1}^{n} \Delta P_{\text{C}i} = (1 + K_1 + \cdots + K_{n-1}) \Delta P_{\text{C1}}$$

$$\Delta f = 0$$

各机组分担：

$$\Delta P_{\text{C}i} = \frac{K}{1 + K_1 + \cdots + K_{n-1}} \cdot \Delta P_{\text{fhe}} = \frac{K_{i-1}}{K_x} \Delta P_{\text{fhe}}$$

式中，$K_x = 1 + K_1 + \cdots + K_{n-1}$。

（4）优缺点。

①各调频机组间的出力也是按照一定的比例分配的。

②在无差调频器为主导调频器的主要缺点是各机组在调频过程中的作用有先有后，缺乏"同时性"。

3. 积差调频法（同步时间法）

积差调频法（或称同步时间法）是根据系统频率偏差的累积值进行工作的。

（1）单机积差调节的调频方程式为：

$$\int \Delta f \mathrm{d}t + K \Delta P_{\text{C}} = 0 \tag{4-8}$$

（2）调频过程：单机调节过程如图4-4所示。

（3）机组间有功功率的分配：

$$P_i = \frac{K_x}{K_i}(\sum_{i=1}^{n} P_i)$$

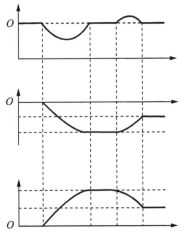

（4）优缺点。

①频率积差调节法的优点是能使系统频率维持稳定。

②计划外的负荷能在所有参加调频的机组间按一定的比例进行分配。

③缺点是频率积差信号滞后于频率瞬时值的变化，因此调节过程缓慢。

4. 改进积差调频法

在频率积差调节的基础上增加频率瞬时偏差的信息。

图4-4 积差调频过程

（1）调频方程式：

$$\Delta f + R_i(\Delta P_{Ci} + \alpha_i \int K\Delta f dt) = 0 \qquad (4-9)$$

（2）调频过程。当系统频率变化时，按 Δf 启动的调速器会比按积差工作的调频器先进行大幅度的调整，到频差累积到一定值时，调频器会取代调速器的工作特性，使频率稳定在 f_e，调速器的作用为一次调频，积差调频为二次调频。

（3）机组间有功功率的分配 $K\int \Delta f dt$ 代表了系统计划外负荷的数值（K 是一个转换常数），在调频结束时，计划外负荷是按一定比例在调频机组间进行分配的。

（4）优缺点。

①集中制调频的主要优点是各机组的功率分配是有比例的，也即式中的 α_i，α_i 是按照经济分配的原则给出的。

②主要缺点是各调频装置的误差会带来系统内无休止地功率交换。

4.3 电力系统频率及有功功率的自动调节

4.3.1 等微增率分配负荷的基本概念

微增率是指输入耗量微增量与输出功率微增量的比值。

等微增率法则，就是运行的发电机组按微增率相等的原则来分配负荷，这样就可使系统总的燃料消耗（或费用）为最小。对应于某一输出功率时的微增率就是耗量特性曲线上对应于该功率点切线的斜率，即：

$$b = \frac{\Delta F}{\Delta P} \tag{4-10}$$

式中　b——耗量微增率（简称微增率）；

　　　ΔF——输入耗量微增量；

　　　ΔP——输出功率微增量。

图 4-5 是 3 种典型的耗量特性与微增率曲线。

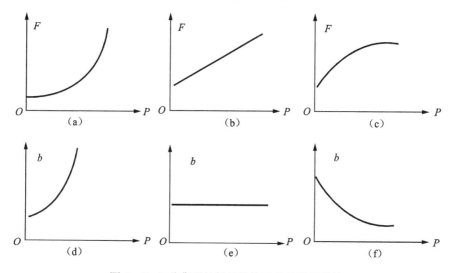

图 4-5　3 种典型的耗量特性及其微增量特性

（a）锅炉的耗量特性；（b）发电机的耗量特性；（c）节流式汽轮机的耗量特性；
（d）锅炉的微增量特性；（e）发电机的微增量特性；（f）节流式汽轮机的微增量特性

机组负荷发生变化时，耗量的变化是按照等微增率法则分配的，如图 4-6 所示。

为了说明等微增率法则，我们以最简单的两台机组并联运行为例。图 4-6 中示出了两台发电机组原来所带的负荷，机组 1 为 P_1，微增率为 b_1，机组 2 为 P_2，微增率为 b_2，而且 $b_1 > b_2$。如果使机组 1 的功率减小 ΔP，即功率变为 P_1'，相应的微增率减小到 b_1'。而机组 2 增加相同的 ΔP 其功率变为 P_2'，微增率增至 b_2'，此时总的负荷不变。由图可知，机组 1 减小的燃料消耗（图中 P_1、b_1、b_1'、P_1' 所围的面积）大于机组 2 增加的燃料消耗（图中 P_2、b_2、b_2'、P_2' 所围的面积）。这两个面积的差即为减少（或增加）的燃料消耗量。如果上述过程是使总的燃料消耗减小，则这样的转移负荷过程就继续下去，总的燃料消耗将继续减小，直至两台机组的微增率相等时为止，即为 b_1 等于 b_2 时，总的燃料消耗为最小。

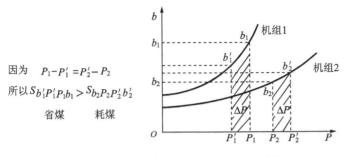

图 4-6 机组负荷改变时耗量变化示意图

发电厂内并联运行机组的经济调度准则为：各机组运行时微增率 b_1，b_2，$\cdots$，b_n 相等，并等于全厂的微增率 λ。图 4-7 为发电厂内 n 台机组按等微增率运行分配负荷时的示意图。

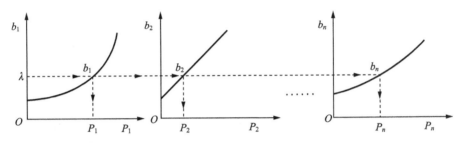

图 4-7 多台机组间按照等微增率分配负荷示意图

4.3.2 发电厂之间负荷的经济分配

设有 n 个发电厂，每个发电厂承担的负荷分别为 P_1，P_2，$\cdots$，P_n，相应的燃料消耗为 F_1，F_2，$\cdots$，F_n，则全系统消耗的燃料为：

$$F_1 + F_2 + \cdots + F_n = \sum_{i=1}^{n} F_i \tag{4-11}$$

$$\frac{b}{1-\sigma_1} = \frac{b_2}{1-\sigma_2} = \cdots = \frac{b_n}{1-\sigma_n} = \lambda$$

4.3.3 自动发电控制（AGC/EDC 功能）

1. 概述

电力系统中发电量的控制，一般分为以下 3 种情况。

（1）由同步发电机的调速器实现的控制（一次调整，10 s）；

（2）由自动发电控制（简称 AGC，即英文 Automatic Generation Control 的缩写）（二次调整，10 s～3 min）；

（3）按照经济调度控制（简称 EDC，即英文 Economic Dispatch Control）（三

次调整，大于 3 min）。

2. 自动发电控制的基本原理

图 4 - 8 是最简单的 AGC 结构图，图中 P_{zd} 为输电线路功率的整定值，f_{zd} 为系统频率整定值，P 为输电线路功率的实际值，f 为系统频率的实际值，B_f 为频率修正系数，$K(S)$ 为外部控制回路，用来根据电力系统频率偏差和输电线路上的功率偏差来确定输出控制信号，P_C 为系统要求调整的控制信号功率，$N(S)$ 为内部控制回路，用来控制调整调速器阀门开度，以达到所需要的输出功率。

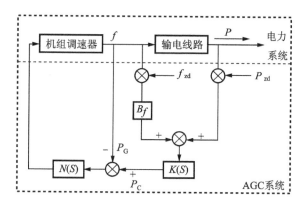

图 4 - 8 　单台发电机组的 AGC 系统

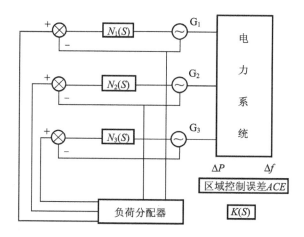

图 4 - 9 　具有多台发电机组的 AGC 系统

图 4 - 9 为具有多台发电机的 AGC 系统，G_1、G_2、G_3 为发电机组；ACE 称为区域控制误差，用来根据系统频率偏差以及输电线路功率偏差来确定输出控制信号；负荷分配器根据输入的控制信号大小及等微增率准则或其他原则来控制各台发电机输出功率的大小。

自动发电控制系统具有以下 4 个基本任务和目标。

①使全系统的发电机输出功率和总负荷功率相匹配。

②将电力系统的频率偏差调整控制到零，保持系统频率为额定值。

③控制区域间联络线的交换功率与计划值相等，以实现各个区域内有功功率和负荷功率的平衡。

④在区域网内各发电厂之间进行负荷的经济分配。

自动发电控制系统包括以下两大部分。

①负荷分配器。

②发电机组控制器。

经济负荷分配（EDC）每隔 5 分钟修改一次 P_{bi} 和 α_i 值，以适应经济调度的要求。有时为了增大加到发电机组上的误差信号信息，可以使用一个或者多个附加的负荷分配回路。这样的附加分配回路可以用一个分配系数 β_i 来表示，但它与按经济调度调整负荷的"分配系数 α_i"不同，它不受经济调度的约束，所以称为调整分配。

4.4　电力系统低频减载

电力系统中某些机组故障切除时，由于出现有功功率缺额，系统频率会急剧下降。采用自动低频减载装置，可以制止事故的进一步扩大，所以这是一种有效的措施。频率的过度降低，不仅影响电能质量，而且会给系统的安全运行带来以下一些严重的危害。

（1）危害汽轮机。

（2）产生频率崩溃现象。

（3）产生电压崩溃现象。

4.4.1　电力系统频率的动态特性

当发电机功率与负荷功率失去平衡时，系统频率按指数曲线变化，如果忽略时间常数的变化，系统频率可归纳为以下几种情况。

（1）由于 Δf 的值与功率缺额成比例，事故初期频率下降的速度与功率缺额成比例。

（2）当频率下降到某频率时切除负荷刚好等于功率缺额时，频率按指数规律上升恢复。

（3）若切除负荷小于功率缺额，则系统的稳态频率低于额定值。假设切除这些负荷后频率正好维持在这一级动作频率上。

（4）若切除的负荷比（3）中的还小，则系统频率继续下降。可见如果能及早地切除负荷，可延缓系统的频率下降过程。

4.4.2 自动低频减负荷的基本原理

自动低频减负荷（ZDPJ）的基本原理是分级切除，自动逼近。当系统因故障出现功率缺额时，如果缺额较小，且系统内有足够的旋转备用，在系统频率经过一个短时间下降之后，随着系统旋转备用容量作用的发挥，会重新恢复到故障前的水平，这种情况下，ZDPJ 不动作。如果有功缺额较大，而且系统中备有容量又比较少或没有时，系统频率就会比较快地下降，当下降到 ZDPJ 的第一级动作频率时，ZDPJ 自动切除一部分不重要的负荷，以使频率恢复到允许频率。如果频率接着下降，则 ZDPJ 继续自动切除一部分负荷，来抑制频率的下降。如此动作直到频率不再下降为止。但是有时会出现这种情况，在 ZDPJ 的某一级动作后，频率不再继续下降，不能使 ZDPJ 继续切除负荷，而频率又恢复不到允许值。出现这种情况是系统运行不允许的。为此 ZDPJ 装置中设有特殊级，出现上述情况时特殊级动作，使频率恢复到允许值。

4.4.3 自动低频减负荷装置的整定计算

1. 确定最大功率缺额 P_{qe}

发生严重事故时，为了保证系统 ZDPJ 装置动作切除负荷后能使系统频率恢复到允许值，在计算接入 ZDPJ 装置的负荷功率之前，必须先确定系统发生故障时，功率缺额的最大值。确定最大功率缺额应考虑系统最不利运行条件下出现最严重故障时的情况。例如，按系统断开最大容量的机组或某一发电厂考虑；如果系统有可能解列成几个子系统时，还应考虑各子系统因联络线断开而出现的功率缺额。

2. 确定接入 ZDPJ 装置的负荷总功率 P_{JH}

设允许频率为 f_y，由负荷功率与频率的关系。从负荷调节效应可得系数推导公式：

$$P_{JH} = \frac{P_{qe} - K_{L*} P_X \Delta f_{hf*}}{1 - K_{L*} \Delta f_{hf*}} \qquad (4-12)$$

式中 Δf_{hf*}——恢复频率偏差的相对值；

　　　 P_X——减负荷前系统用户的总功率。

3. 确定各级的动作频率

自动低频减负荷是在系统故障情况下强行使部分用户停电来换取系统安全的方法。这无疑会给被停电用户造成一定困难甚至损失，因此应在保证系统安全的前提下尽量少地断开负荷。接入自动低频减负荷装置的总负荷功率是按系统最严重的情况考虑的。然而每次故障时，由于系统的运行方式不同，故障的严重程度也有很大差别，因此需由 ZDPJ 装置切除的负荷也有很大的差别。为了适应上述要求，采用将接入 ZDPJ 装置的总负荷分批分期切除的办法，以求做到切除的负荷功率既不过多，又不过少。目前自动低频减负荷均采用按系统频率由高到低顺序切除的办法。根据动作频率的不同，将自动低频减负荷装置的动作分为若干级，也称为若干轮。

1) 确定第一级动作频率 f_1

第一级动作频率取得高一些，自动低频减负荷的效果会好一些，但这样有可能在系统频率暂时下降而备用容量尚未来得及发挥作用之前就把一部分负荷切掉了。一般第一级动作频率确定在 48.5~49.0 Hz。

2) 确定末级动作频率 f_n

对于高温高压火电厂，在频率低于 46~46.5 Hz 时，电厂已不能正常工作。因此末级动作频率以不低于 46.5 Hz 为宜。一般选择 47.5 Hz。

3) 确定频率级差 Δf

(1) 按选择性确定。这种方法要求在前一级动作之后不能制止频率下降时，下一级才动作。

$$\Delta f = 2\Delta f_{wc} + \Delta f_t + \Delta f_y \tag{4-13}$$

式中　Δf_{wc}——频率继电器动作频率的最大误差；

　　　Δf_t——在延时内系统频率下降值，一般可取 0.15 Hz；

　　　Δf_y——频率裕度，一般可取 0.05 Hz。

(2) 不强调选择性。这种方法将接入 ZDPJ 装置的负荷总功率分成若干级切除，而不注重每级之间是否有选择性。它的原则是缩小级差，增加级数，减少每级切除负荷。

4. 确定动作级数 N

在确定首、末级动作频率 f_1、f_n 和频率级差 Δf 之后，最后确定动作级数 N。

5. 确定每级切除的负荷功率 ΔP_i

当确定了希望的恢复频率 f_h 和各级的动作频率 f_i 之后，就可以根据下式求出每级需要切除的负荷功率 ΔP_i。

$$\Delta P_i = \left(1 - \sum_{k=1}^{i-1} \Delta P_k\right) \frac{K_L(\Delta f_i - \Delta f_h)}{1 - K_L * \Delta f_h} \tag{4-14}$$

$$\Delta f_i = \frac{(f - f_i)}{f_e} \tag{4-15}$$

$$\Delta f_h = \frac{f_e - f_h}{f_e} \tag{4-16}$$

6. 确定延时 Δt

为了尽快制止频率下降，在系统频率下降到 ZDPJ 装置的动作值时应尽快切除负荷。但考虑到电力系统电压急剧下降期间有可能引起频率继电器的误动，造成误切负荷，所以增加一个延时 Δt，以躲过暂态过程可能出现的误动作。Δt 一般取 0.5 s 以上。

7. 确定特殊级的有关参数

特殊级的动作频率通常只有一个，其整定值 f_t 应大于或等于基本级第一级的动作频率。特殊级是通过动作延时实现与基本级间动作的选择性的。在基本级的第一级的频率继电器尚未动作之前，特殊级的频率继电器就全部动作了，但是由于延时继电器的延时 Δt 很大，只有在基本级动作不能使系统频率恢复到希望的频率时，特殊级的执行继电器才能动作。一般 Δt 取电力系统时间常数 2~3 倍，最小动作时间为 10~15 s。特殊级中各级的选择性是通过不同的延时实现的，相邻两级间的延时差不小于 5 s。

第 5 章

电力系统电压调节

电力系统中的有功功率电源是集中在各类发电厂中的发电机；而无功功率电源除发电机外，还有调相机、电容器和静止补偿器等，它们分散安装在各个变电所。一旦无功功率电源设置好，就可以随时使用，而无须像有功功率电源那样消耗能源。由于电网中的线路以及变压器等设备均以感性元件为主，因此系统中无功功率损耗远远大于有功功率损耗。电力系统正常稳定运行时，全系统频率相同。频率调整集中在发电厂，调频手段只有调整原动机功率一种。而电压水平在全系统各点不同，并且电压控制可分散进行，调节控制电压手段也多种多样。所以，电力系统的无功功率和电压控制调整与有功功率和频率控制调整有很大的不同。

5.1 电力系统电压控制的意义

电压是衡量电力系统电能质量的标准之一。电压过高或过低，都将对人身及其用电设备产生重大的影响。保证用户的电压接近额定值是电力系统运行调度的基本任务之一。当系统的电压偏离允许值时，电力系统必须应用电压调节技术调节系统电压的大小，使其维持在允许值范围内。

各种用电设备都是按照额定电压来设计制造的，只有在额定电压下运行才能取得最佳的工作效率。当电压偏离额定值较大时，会对负荷的运行带来不良影响，影响产品的质量和产量，损坏设备，甚至引起电力系统电压崩溃，造成大面积停电。

5.1.1 电压对电力用户的影响

电力系统实际电压偏高或偏低，对运行中的用电设备都会造成不良的影响。以照明用的白炽灯为例来说明这个问题，当加于灯泡的实际电压高于其额定电压时，其发光效率虽有提高，但其使用寿命会缩短；相反，如果电压低于额定电压时，则灯泡发的光效率降低，会使工作人员的视力健康受到影响，同时也会降低劳动生产率。

对于异步电动机而言，当电压降低时，转矩随电压的平方成比例下降，例如，当电压降低 20% 时，转矩会降低到额定转矩的 64%，电流增加 20% ~ 35%，温度升高，造成电动机转速降低，可能导致生产的产品报废，电动机绕组过热，绝缘加速老化，甚至烧毁电动机。当电压过高时，电动机、变压器等设备铁芯会出现饱和、铁耗增大、激磁电流增大，也会导致电机过热，效率降低，波形变坏。对其他电气设备，如电炉的用功功率与电压的平方成正比，炼钢厂中的电炉会因电压降低而增加冶炼时间，从而影响产量。电压过低时，照明设备的发光频率和亮度会大幅度下降。电压过高将使所有电气设备绝缘受损；使变压器、电动机等的铁芯饱和程度加深，铁芯损耗增大，温升增加，寿命缩短。电压变化也将使其运行性能变坏，甚至发生人身伤亡、设备损坏等事故。

5.1.2　电压对电力系统的影响

电力系统电压偏离额定值过大不仅影响电力用户的正常工作，同时也会影响电力系统本身。电压降低，使网络中的功率损耗和能量损耗加大，电压过低还可能危及电力系统运行的稳定性。电厂中的厂用机械（如给水泵、循环水泵、送风机、吸风机、磨媒机等）是由电动机驱动的。电压下降会使电动机转速下降、出力减少，并影响厂用机械的出力。这将直接影响锅炉和汽轮机的运行，严重时会使电厂出力下降，危及电力系统的安全运行。

在系统中无功功率不足、电压水平低下的情况下，某些枢纽变电所在母线电压发生微小扰动的情况下，顷刻之间会造成电压大幅度下降的"电压崩溃"现象，其后果是相当严重的，可能导致发电厂之间失去同步，造成整个系统瓦解的重大停电事故。

在电力系统的正常运行中，随着用电负荷的变化和系统运行方式的改变，网络中的电压损耗也随之发生变化。要保证用户在任何时刻都能在其额定电压下工作是不现实的。但其电压偏移必须限制在允许的范围内。

5.2　电力系统无功电源及无功功率损耗

电力系统的无功电源，除了发电机之外，还有同步调相机、静电电容器、静止无功补偿装置和静止无功发生器。后面 4 种又称为无功补偿装置。

5.2.1　无功电源

1. 发电机

发电机是唯一的有功功率电源，又是最基本的无功功率电源。发电机在额定状态下运行时，可发出的无功功率为：

$$Q_{GN} = S_{GN}\sin\varphi = P_{GN}\tan\varphi \qquad (5-1)$$

现在讨论发电机在非额定功率因数下运行时可能发出的无功功率。如图 5-1 所示为发电机运行的 $P-Q$ 极限图。假设发电机与无限大容量系统相连（即母线电压恒定），图中 OA 的长度代表发电机的额定端电压 U_N，OB 的长度即代表发电机额定运行方式下的空载电动势 E_N，其正比于发电机的额定励磁电流。B 点为额定运行点。电压降相量 AB 的长度代表 I_NX_d，正比于定子额定全电流，也可以说，以一定的比例代表发电机的额定视在功率，其在纵轴上的投影 AD 的长度代表发电机的额定有功功率 P_{GN}，在横轴上的投影 AC 的长度代表发电机的额定无功功率 Q_{GN}，当改变功率因数时，发电机产生的有功功率 P 和无功功率 Q 要受到定子电流（额定视在功率）、转子电流额定

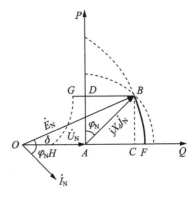

图 5 - 1　发电机的 $P - Q$ 极限图

值（空载电势）、原动机出力（额定有功功率）的限制。图 5 - 1 中，以 A 为圆心，以 AB 为半径的圆弧表示额定视在功率的限制；以 O 为圆心，以 OB 为半径的圆弧表示额定转子电流的限制；而水平线 DB 表示原动机出力限制。从图中可以看出，发电机只有在额定电压、电流和功率因数下运行时，视在功率才能达到额定值，使其容量得到充分利用。

　　发电机以低于额定功率因数运行时，其无功功率输出将受到转子电流的限制。发电机正常运行时以滞后功率因数运行为主，必要时也可以减小励磁电流在超前功率因数下运行，即所谓进相运行，以吸收系统中多余的无功功率。当系统在低负荷运行时，输电线路电抗中的无功功率损耗明显减少，线路电容产生的无功功率将有大量剩余，这将引起系统电压升高。在这种情况下选择部分发电机进相运行将有利于缓解电压调整的困难。在发电机进相运行时，发电机的 δ 角增大，为保证静态稳定，发电机的有功功率输出应随着电势的下降逐渐减小。图 5 - 1 中 $D - G - H$ 段示意地画出了按静态稳定约束所确定的运行范围。进相运行时，定子端部漏磁增加，定子端部温升是限制发电机功率输出的又一个重要因素。对于具体的发电机一般要通过现场试验来确定其进相运行的容许范围。

　　由上分析可知，发电机供给的无功功率不是无限可调的，当发电厂距用户较远时，无功功率所引起的线损较大，在这种情况下，则应在用户中心设置补偿装置。

　　2. 调相机

　　同步调相机相当于空载运行的同步电动机。当它的转子励磁电流刚好为某一特定值时，它发出的无功功率恰好为零。这时仅从电网中吸收少量的有功功率用来克服机械旋转阻力，维持同步速度空转，当转子励磁电流大于此特定值时，称为过励磁。在过励磁运行时，它向系统供给感性无功功率起无功电源的作用；在欠励磁运行时，它从系统吸取感性无功功率起无功负荷作用。由于实际运行的需要和对稳定性的要求，欠励磁时转子的励磁电流不得小于过励磁时最大励磁电流的 50%，相应地，欠励磁时从电网吸取无功功率的最大值，也仅为过励磁时它

能发出的最大无功功率的50%。装有自动励磁调节装置的同步调相机，能根据装设地点电压的数值平滑改变输出（或吸取）的无功功率，进行电压调节。特别是有强行励磁装置时，在系统故障情况下，还能调整系统的电压，有利于提高系统的稳定性。

同步调相机是旋转机械，运行维护比较复杂，一次性投资较大。它的有功功率损耗较大，在满负荷时约为额定容量的1.5%～5%，容量越小，百分值越大。小容量的调相机每千伏安容量的投资费用也较大。故同步调相机宜于大容量集中使用，安装于枢纽变电站中，一般不安装容量小于5 MVar的调相机。此外，同步调相机的响应速度较慢，难以适应动态无功。

3. 静电电容器

静电电容器只能向系统供给无功功率。所供无功功率 Q_C 与所在节点的电压 U 的平方成正比，当节点电压下降时，它供给系统的无功功率也将减小。因此，当系统发生故障或由于其他原因而导致系统电压下降时，电容器的无功功率输出反而比平常还少，这将导致电压继续下降。显然，电容器的无功功率调节能力较差。

为了在运行中能够调节电容器供给的无功功率，可根据需要按三角形接法或星形接法成组地连接到变电站的母线上。根据负荷变化分组投入或切除。因此，静电电容器组的容量可大可小，既可集中使用，又可分散使用，使用起来比较灵活。静电电容器在运行时的功率损耗较小，为额定容量的0.3%～0.5%，电容器每单位容量的投资费用较小且与总容量的大小无关。此外由于它没有旋转部件，维护方便，因而在实际中仍被广泛使用。

4. 静止无功补偿器

静止无功补偿器（Static Var Compensator，SVC），简称静止补偿器。由电力电容器与电抗器并联组成。电容器可发出无功功率，电抗器可吸收无功功率，两者结合起来，再配以适当的调节装置，就成为能够平滑地改变输出（或吸收）无功功率的静止补偿器。

静止补偿器有很多类型，其部件主要有饱和电抗器、固定电容器，晶闸管控制电抗器和晶闸管投切电容器。

如图5-2所示为由饱和电抗器和固定电容器并联组成的静止补偿器的原理图和伏安特性。由图5-2（b）可以看出，在补偿范围内，电压的稍许变化将引起电流大幅度变化。采用自饱和电抗器和固定电容器并联组成的静止补偿器，几乎可以完全消除电压波动，可维持母线电压在额定值附近。饱和电抗器 L 的特性是当电压大于某一定值时，随着电压的升高，铁芯急剧饱和，相当于空心电抗器，选择串联电容 C_s，使在额定频率下容抗的绝对值与电抗器空心绕组漏抗的绝对值相等，以补偿漏抗值。正常运行时，补偿器工作在 A 点，当电压低于额定电压时，电抗器 L 铁芯不饱和，电抗器与串联电容器组合回路的总感抗大，故基本上不消耗无功功率，并联电容器 C 发出的无功功率使母线电压升高。当电压高于额定电压时，由于此时的电抗器因饱和感抗小，所吸收的无功功率增加，从而使母线电压降低。

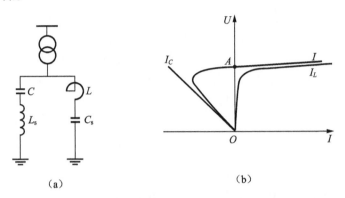

图 5-2　饱和电抗器型静止补偿器

(a) 原理图；(b) 伏安特性

　　如图 5-3 所示为由晶闸管控制电抗器和固定电容器并联组成的静止补偿器（TCR+FC）。电抗器 L 与反向并联连接的晶闸管串联，依靠控制晶闸管的触发角来改变电抗器的电流大小，即可平滑地调整电抗器吸收的无功功率的大小。当触发角由 90°变到 180°时，可使电抗器的无功功率由额定值变到零。

　　图 5-4 所示为由晶闸管控制电抗器和晶闸管投切电容器并联组成的静止补偿器（TCR+TSC）。图中采用一组固定电容器和三组晶闸管投切电容器与电抗器并联。每组晶闸管投切电容器回路串有小电感，其作用是降低晶闸管开通时可能产生的电流冲击。晶闸管投切电容器作为无功功率电源，虽然不能平滑调节输出的功率，但晶闸管对控制信号响应迅速，通断次数不受限制，运行性能优于机械开关投切电容器。

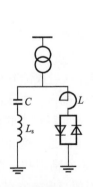
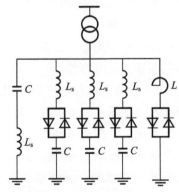

图 5-3　晶闸管控制电抗器　　　图 5-4　晶闸管投切电容器
　　　型静止补偿器　　　　　　　　型静止补偿器

上述 3 种静止补偿器共同点是其中的电容器支路作为无功功率的电源,且电容器 C 与电感 L_s 串联构成谐振回路,起到高次谐波滤波器的作用,滤去补偿器中各电磁元件产生的 5、7、11、13、……奇次谐波电流,防止高次谐波分量注入系统,这类支路是不可控的。它们的不同点在电抗器支路,其中后两种静止补偿器都是可控电抗器。静止补偿器向系统供应感性无功功率的容量取决于它的电容器支路,从系统吸取感性无功功率的容量则取决于它的电抗器支路。

静止补偿器能快速平滑地调节无功功率,以满足无功功率的要求,这样就克服了静电电容器作为无功补偿装置只能作为无功电源而不能作为无功负荷、调节不连续的缺点。与同步调相机相比较,静止补偿器运行维护简单、功率损耗较小,响应时间较短,能做到分相补偿以适应不平衡的负荷变化,对于冲击性负荷也有较强的适应性。20 世纪 70 年代以来,在电力系统中应用越来越广泛。

5. 静止无功发生器

由于电力电子技术的飞速发展,使用大功率可关断晶闸管(GTO)器件代替普通的晶闸管构成的无功补偿器已开始进入实用阶段。这种装置称为静止补偿器(Static Compensator,STATCOM),或称为静止无功发生器(SVC)。其原理如图 5－5 所示。它的主体部分是一个电压源型逆变器,逆变器中有 6 只大功率可关断晶闸管分别与 6 只二极管反向并联,适当控制晶闸管的通断,可以把电容上的直流电压转换成与电力系统电压同步的三相交流电压,逆变器的交流侧通过电抗器或变压器并联接入系统。适当控制逆变器的输出电压,就可以灵活地改变静止无功发生器的运行工况,使其处于容性负荷、感性负荷或零负荷状态。由于 STATCOM 的特性与调相机相似,故也称为静止调相机(STATCON)。STATCOM 与 SVC 比较,STATCOM 具有以下一些特点。

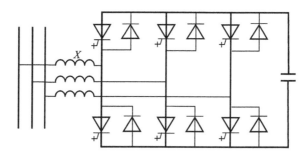

图 5－5　静止无功发生器原理图

(1)当电压降低时,SVC 输出的无功电流(补偿容量)减小,而 STATCOM 仍然可产生较大的电容性电流,即 STATCOM 输出的无功电流与电压无关。

(2)STATCOM 有较大的过负荷能力,GTO 的开断容量可以达 120% ~180% 稳态额定容量。

（3）可控性能好，其电压幅值和相位可快速调节。它的端电压对外部系统的运行条件和结构变化不敏感。因此，可得到较好的静态稳定性能和故障下的暂态稳定性能。由于STATCOM中电容器容量较小，在电网内普遍使用也不会产生低频谐振。

（4）STATCOM的谐波含量可以比同容量SVC的低，因为STATCOM可由多逆变桥串并联连接，并通过曲折绕组变压器进行叠加后，可得到较理想的正弦电压和电流波形。

5.2.2　电力系统的无功负荷

电力系统的无功负荷包括异步电动机、同步电动机、电炉和整流设备等。其中异步电动机占的比重较大、消耗的无功功率较多，也就是说，系统中大量的无功负荷是异步电动机，因此，系统无功负荷的电压特性，主要取决于异步电动机的无功静态电压特性。异步电动机从电网吸收的无功功率 Q_M 主要用于以下两部分：一部分消耗在漏抗上的无功功率 Q_X，另一部分作为励磁的无功功率 Q_μ，即：

$$Q_M = Q_X + Q_\mu$$

励磁功率 Q_μ 与电压平方成正比，$Q_\mu \approx \dfrac{U^2}{X_m}$；漏抗上消耗的无功功率 $Q_X = I^2 X_X$，如果负载功率不变（即异步电动机所消耗的有功功率为常数），当电压降低时，由于转动力矩减小，转差将增大，定子电流增大，相应地，在漏抗上的无功功率消耗增大。相反当电压升高时，在漏抗上的无功功率消耗将减小。综合以上两部分，得到异步电动机的无功功率与电压的关系曲线如图 5-6 所示。图中 β 是电动机的受载系数，即实际拖带的机械负荷与其额定负荷之比。由图可见，在额定电压附近，异步电动机所消耗的无功功率随端电压上升而增加，随端电压下降而减少。但是当端电压下降到70%～80%额定电压时，异步电动机所消耗的无功功率反而增加。这一特性对电力系统运行的稳定性有重要影响。

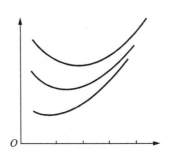

图 5-6　异步电动机无功功率与电压的关系

5.2.3　电力系统无功损耗

1. 变压器

变压器的无功功率损耗在系统的无功功率需求中占有相当大的比重，假定一台变压器的空载电流 $I_0\% = 1.5$，短路电压 $U\% = 12.5$，在额定满载下运行时，无功功率的消耗将达到额定容量的 14%。如果从电源到用户需要经过几级变压，则变压器中无功功率损耗的数值是相当可观的。

2. 输电线路的无功损耗

输电线路的无功功率损耗分为两部分，即并联电纳和串联电抗中的无功功率损耗。并联电纳中的无功功率与线路电压的平方成正比，呈容性，又称为线路的充电功率；串联电抗中的无功功率损耗与负荷电流的平方成正比，呈感性。这两部分功率是互为补偿的。线路究竟是呈容性以无功电源状态运行，还是呈感性以无功负载状态运行，应视具体情况而定。一般来说，当线路较短，电压较低时，线路的充电无功功率较小，这时线路的无功功率损耗为正值，线路要消耗无功功率；当线路较长，电压较高时，线路的充电无功功率很大，可能超过线路电抗所消耗的无功功率，这时线路的无功功率损耗为负值，线路发出无功功率。

一般情况下，35 kV 及以下的架空线路的充电无功功率小，这种线路都是消耗无功功率的。110 kV 架空线路，当传输功率较大时，电抗中消耗的无功功率将大于电纳中产生的无功功率，这时线路将消耗无功功率，成为无功负荷；当传输的功率较小时，线路的充电无功功率将大于电抗中消耗的无功功率，这时线路将发出无功功率，成为无功电源。220 kV 架空线路，当长度不超过 100 km 时，线路将呈感性，消耗无功功率；当长度为 300 km 左右时，线路单位长度上的无功功率损耗与电容功率基本上自行平衡，既不消耗无功功率，也不发出无功功率，呈电阻性；当长度大于 300 km 时，输电线路呈容性。330 ~ 500 kV 超高压输电线路，由于线路长，电压高，线路的充电无功功率大于电抗中消耗的无功功率，输电线路呈容性，发出无功功率。

5.3　无功功率的平衡与电压水平的关系

5.3.1　无功功率的平衡

电力系统无功功率的平衡是指无功功率电源发出的无功功率应该大于或等于负荷所需要的无功功率与网络无功功率损耗之和。为保证系统运行的稳定性和无功负荷增长的要求，系统中应保证有充足的无功备用容量。设系统中无功电源提供的无功功率之和为 Q_S，无功负荷之和为 Q_L，网络的无功损耗之和为 Q_1，无功

备用为 Q_r，则系统无功功率平衡关系式为：

$$Q_r = Q_s - Q_L - Q_1 \qquad\qquad (5-2)$$

如果 $Q_r > 0$，表明系统中的无功功率可以平衡且有一定的备用容量；如果 $Q_r < 0$，表明系统中的无功功率不足，应考虑加装无功补偿装置，以防止负荷增大时电压质量下降。通常将无功备用容量放在发电厂内。

系统无功电源包括发电机、调相机和各种无功补偿设备等，对于发电机一般要求在接近额定功率因数时运行，因此可按额定功率因数计算发电机所发出的无功功率。此时如果系统的无功功率能够平衡，则发电机就保持有一定的无功备用，这是因为发电机的有功功率是留有备用的，调相机和无功补偿装置可按额定容量计算其无功功率。

系统无功负荷大小按负荷的有功功率和功率因数计算。为了减少输送无功功率引起的网损，我国规定，高压供电的工业企业及装有带负荷调整电压设备的用户，功率因数不得低于 0.95；其他电力用户功率因数不得低于 0.9；趸售和农业用户功率因数为 0.8 以上。

网络的无功功率损耗包括变压器的无功损耗、线路电抗的无功损耗。从改善电压质量和降低网络功率损耗出发，应尽量避免通过电网进行大量的无功功率传送。对于无功功率的平衡问题，仅从全系统的角度考虑是不够的，更重要的是应该分地区、分电压等级进行无功功率的平衡。当系统运行中某一地区的无功功率过剩，而另一地区则存在缺额，这样通过系统的调配往往是不合适的，这时就应该分别进行处理。在现代大型电力系统中，超高压输电线路的分布电容产生大量的无功功率，从系统安全运行考虑，需要装设并联电抗器予以吸收多余的无功功率。我国规定，330～500 kV 电网应按无功功率就地平衡的基本要求配置高、低压并联电抗器。一般情况下，高、低压并联电抗器的总容量应达到线路充电功率的 90% 以上。在超高压电网装设并联电抗补偿的同时，在较低电压等级的配电网络则可能需要装设必要的无功补偿装置，这种情况是正常的。

电力系统的无功功率的平衡应分别按正常最大和最小负荷的运行方式分别进行计算。必要时还应校验某些设备检修时或故障后运行方式下的无功功率的平衡。根据无功功率平衡的要求，增加必要的无功补偿容量，并按无功功率就地平衡的原则进行补偿容量的分配。小容量的、分散的无功补偿可采用静电容电器；大容量的、配置在系统中枢点的无功补偿宜采用静止补偿器。

电力系统在不同的运行方式下，可能会出现无功功率过剩和无功功率缺额的情况，在采取补偿措施时应该统筹兼顾，采用既能发出无功功率又能吸收无功功率的补偿设备。拥有大量超高压线路的大型电力系统在低谷负荷时，无功功率往往过剩，导致电压升高超出容许范围，如不妥善解决，将危及系统及用户的用电设备的安全运行。为了改善电压质量，除了借助各类补偿装置以外，还应考虑发电机进相运行的可能性。

5.3.2　无功功率的平衡和电压水平的关系

1. 按无功功率的平衡确定电压

在电力系统运行中，电源的无功功率在任何时刻都与负荷的无功功率和网络的无功损耗之和相等，问题在于这种平衡是在什么样的电压水平下实现的。下面以一个最简单的网络为例来说明。

用一台等值发电机来代表系统中的一组发电机，并经一段线路向负荷供电，略去各元件电阻，等值发电机电抗与线路电抗之和用 X 表示，其等值电路图与各参数相量图如图5-7（a）、图5-7（b）所示。

当电动势 E 为一定值时，得到无功功率和电压的关系式 $Q = f(U)$，如图5-8曲线1所示，是一条向下开口的抛物线。负荷的主要成分是异步电动机，这类负荷的无功-电压特性如图5-8曲线2所示。当负荷本身没有变化时，电压降低会使负荷所吸取的无功功率随之减小。曲线1、2的交点 a 确定了负荷节点的电压值 U_a，系统在此电压下达到了无功功率的平衡。

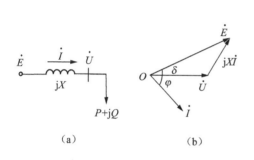

图5-7　无功功率与电压的关系图　　　图5-8　按无功功率平衡确定电压
（a）等值电路图；（b）相量图

当负荷增加时（为简化分析起见考虑 Q 增大而 P 仍保持不变），其无功-电压特性如曲线2′所示。如果系统的无功电源没有响应增加（等值发电机励磁电流不变，电动势 E 也就不变），电源的无功-电压特性仍为曲线1，这时曲线1和2′的交点 b 就代表了新的无功功率平衡点，由此决定了负荷点的电压 U_b。显然 $U_b < U_a$，$Q_b > Q_a$，说明负荷增加后，系统的无功电源已不能满足在电压 U_a 下无功功率平衡的需要，因此只能降低电压运行，以保证在较低电压下建立新的无功功率平衡。

如果系统有充足的无功备用，通过调节励磁电流，增大发电机电动势 E，则发电机的无功功率特性曲线将上移到1′位置，使曲线1′和2′的交点 c 所确定的负荷节点电压达到或接近原来的系统功率电压 U_a。由此看出，当系统的无功电源比较充足时，能满足负荷在较高电压水平下的无功功率平衡的需要，系统电压就会有较高的运行水平，相反，无功功率不足就会造成运行电压水平偏低。由此可见，电压的变化是因为无功功率平衡状态发生了变化，因此电压的调整应从改变无功功率平衡状态着手。

2. 无功就地平衡

一般情况下，系统的无功功率备用容量取为最大无功功率负荷的 7% ~ 8%，就可以满足系统维持正常电压水平的需要。无功功率就地平衡就是无功功率分层、分区就地平衡，是指在按电压等级所形成的层面内，各个分区范围内无功功率都要实现自给自足，与相邻的区域没有无功功率交换。这是根据无功功率不远送的原则得出的。

当线路上有功率传输时，就会产生电压损耗 ΔU，其值为：

$$\Delta U = \frac{PR + QX}{U_1} = \frac{PR}{U_1} + \frac{QX}{U_1} \qquad (5-3)$$

一般情况下 Q 比 P 在数值上略小一些，当 $\cos\varphi = 0.8$ 时，$P/Q = 8/6$；对于高压电网其电阻 R 一般只有电抗 X 的 1/5 ~ 1/10。

通过以上分析可看出，输电线路上电压损失 ΔU 主要是由无功功率部分所造成的，经由线路上传输的无功功率越大，则线路的电压降就越大，而线路首端电压又不可能太高，不足以弥补线路的压降损失。

由此可见，任何一个负荷点电压的调整都应当依靠当地的无功功率资源进行，不应当依靠相邻站点的无功功率支援。具体的办法是在各负荷点装设电容器组、调相机、静止补偿器等无功功率电源，尽量使无功功率就地平衡。当无功功率就地平衡不能实现时，则应考虑无功功率就近平衡的原则。

5.4 电力系统的电压管理

5.4.1 电压中枢点的选择

电力系统调压的目的是保证在各种运行方式下，使系统中各负荷点的电压在允许偏移的范围内，从而保证电力系统的经济、稳定地运行，且有良好的电能质量。

由于电力系统结构复杂，负荷点数目众多且分散，要做到对每一个负荷点的电压进行监视和调节是不可能的，而且也是没有必要的。在系统中常常选择一些有代表性的点作为电压中枢点，运行人员通过监视中枢点电压，将中枢点电压控制调整在允许的电压偏移范围内。只要这些中枢点的电压质量能满足要求，其他各负荷点的电压质量基本上就能满足要求。

一般选择下列母线作为中枢点。

（1）区域性发电厂的高压母线。

（2）枢纽变电所的二次母线。

（3）有大量地方性负荷的发电机电压母线。

5.4.2　中枢点电压的允许变化范围

为对中枢点电压进行控制和调整，必须首先确定中枢点电压的允许波动范围。一般各负荷点电压都允许有一定的电压偏移，例如，负荷点允许电压偏移为±5%，计及由中枢点到负荷点的输电线上的电压损耗，便可确定每个负荷点对中枢点电压的要求。如果能找到中枢点电压的一个允许变化范围，使得由该中枢点供电的所有负荷点的调压要求都能同时得到满足，那么，只要控制中枢点的电压在这个变化范围内就可以满足负荷点对供电电压的要求。对一个实际系统，当网络参数和负荷曲线已知后，即可确定中枢点的电压波动范围。

如图 5-9（a）所示为由一个中枢点 O 向两个负荷 A、B 供电的简单网络。设 A、B 两负荷允许电压偏移均为±5%。假定 A、B 两负荷点的日负荷曲线呈两级阶梯形，如图 5-9（b）所示。当线路参数一定时，线路上的电压损失分别与 A、B 两点的负荷大小有关。为简单起见，假定两段线路的电压损耗的变化曲线如图 5-9（c）所示。

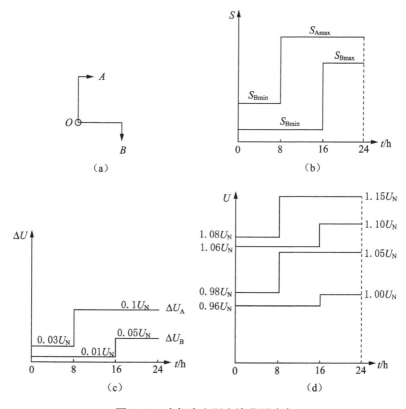

图 5-9　中枢点电压允许范围确定

（a）中枢点供电网络；（b）负荷点日负荷曲线；

（c）线路电压损失曲线；（d）中枢点电压允许范围

为了满足负荷点 A 的调压要求，中枢点电压应该控制的变化范围为：

在 $0 \sim 8$ 时，$U_{OA} = U_A + \Delta U_{OA} = (0.95 \sim 1.05) U_N + 0.03U_N = (0.98 \sim 1.08) U_N$

在 $8 \sim 24$ 时，$U_{OA} = U_A + \Delta U_{OA} = (0.95 \sim 1.05) U_N + 0.10U_N = (1.05 \sim 1.15) U_N$

为了满足负荷点 B 的调压要求，中枢点电压应该控制的变化范围为：

在 $0 \sim 16$ 时，$U_{OB} = U_B + \Delta U_{OB} = (0.95 \sim 1.05) U_N + 0.01U_N = (0.96 \sim 1.06) U_N$

在 $16 \sim 24$ 时，$U_{OB} = U_B + \Delta U_{OB} = (0.95 \sim 1.05) U_N + 0.05U_N = (1.00 \sim 1.10) U_N$

将负荷点 A、B 的调压要求表示在同一张图上，如图 5 – 9 （d） 所示。图中的阴影部分就是同时满足 A、B 两负荷点调压要求的中枢点电压的允许变化范围。由图可见，尽管 A、B 两负荷点的电压有 10% 的变化范围，但是由于两处负荷大小和变化规律不同，两段线路的电压损耗数值及变化规律也不相同。为同时满足 A、B 两负荷点的电压质量要求，中枢点电压的允许变化范围发生了很大变化，在 $0 \sim 8$ 时为 8%，在 $8 \sim 16$ 时只有 1%，在 $16 \sim 24$ 时为 5%。当中枢点向多个负荷点供电时，其电压允许变化的范围可按两种极端情况确定：在地区负荷最大时，电压最低负荷点的允许电压下限加中枢点的电压损耗等于中枢点的最低电压；在地区负荷最小时，电压最高负荷点的允许电压上限加中枢点的电压损耗等于中枢点的最高电压。当中枢点的电压能满足这两个负荷点的要求时，其他各点的电压基本上都能满足要求。

5.4.3　中枢点的调压方式

对于已经投入运行且负荷资料明确的电力系统，中枢点的电压管理是将由该中枢点供电的所有用户对电压的要求，计及网络中的电压损耗后推算到这个中枢点，找出能同时满足这些用户对电压要求的一个允许的电压变化范围，只要保证该中枢点的电压在此变化范围内，则由该中枢点供电的所有用户的电压偏移就会满足要求。

当各线路电压损耗的大小和变化规律相差悬殊，就会出现在某些时间段内，仅靠控制中枢点的电压并不能保证所有负荷点的电压偏移都在允许范围内。因此为了满足各负荷点的调压要求，还必须在某些负荷点增设必要的调压设备。另外对于规划设计中的电力系统，由于电网尚未完全建成，各负荷点的调压要求还不明确，网络的电压损耗也无法计算，因此中枢点的电压范围就无法按上述方法确定。但可根据中枢点所管辖的电力系统中负荷分布的远近及负荷波动的程度，对中枢点的电压调整方式提出原则性要求，以确定一个大致的电压波动范围。中枢点的电压调整方式一般分为逆调压、顺调压和恒调压三类。

1. 逆调压

电力系统运行时，网络电压损耗的大小与负荷大小有着密切的关系。在大负荷时，线路的电压损耗也大，如果提高中枢点电压，就可以抵偿线路上因最大负荷而增大的电压损耗；在最小负荷时则要将中枢点电压降低一些，以防止负荷点的电压过高。这种在大负荷时升高电压，小负荷时降低电压的调压方式称为"逆调压"。采用逆调压方式，一般在最大负荷时可保持中枢点电压比线路额定电压高 5%，在最小负荷时保持为线路额定电压。对于大型网络，如中枢点至负荷点的供电线路较长，且负荷变动较大的中枢点往往要求采用这种调压方式。

2. 顺调压

中枢点采用逆调压可以较好地改善负荷点的电压质量，但由于从发电厂到某些中枢点（如枢纽变电所）也有电压损耗。若发电机电压保持定值运行，则在大负荷时，电压损耗大，中枢点电压较低；在小负荷时，电压损耗小，中枢点电压较高。中枢点电压的这种变化规律与逆调压的要求正好相反，从调压的角度来看，逆调压的要求较高，实现较难。实际上也完全没有必要对所有中枢点都采用逆调压方式。对某些供电距离较近，负荷变动不大的中枢点，可以考虑在大负荷时允许中枢点电压低一些，但不能低于线路额定电压的 102.5%；小负荷时允许电压高一些，但不能超过线路额定电压的 107.5%，这种调压方式称为顺调压。顺调压的调压要求不高，一般不需要装设特殊的调压设备。顺调压方式多用于供电距离较短、负荷波动不大的电压中枢点。

3. 恒调压（常调压）

介于上述两种调压方式之间的调压方式是恒调压（常调压）。即在任何负荷下，中枢点电压保持在大约恒定的数值，一般为线路额定电压的 102% ~ 105%。这种调压方式通常用于向波动较小的负荷供电的电压中枢点。

当系统发生事故时，电压损耗比正常情况下要大，一般允许中枢点的电压偏移较正常调压要求可增大 5%。

5.5 电力系统电压调节方法

电力系统运行时，要保证负荷点电压质量符合要求，必须采用切实可行的调压措施来调节电压。通常采用如下调压方法。

（1）调解发电机的励磁电流，从而改变发电机的端电压。

（2）调整分接头来改变升降压变压器的电压比。

（3）改变系统中无功功率电源的出力。

（4）改变网络参数。电力系统中电压调整必须根据具体的调压要求，在不同的地点可采用不同的调压方法。

5.5.1 发电机调压

在各种调压手段中，改变发电机励磁电流进行电压调整，不需增加额外的设备，是一种最经济合理、最直接的调压手段，在考虑调压时应优先考虑。现代同步发电机在端电压偏离额定电压不超过 ±5% 的范围内，能够保证发电机在额定功率下运行。现代大中型同步发电机都装有自动励磁调节装置，可以根据运行情况自动调节励磁电流来改变其端电压。

在有发电机电压母线的中小容量发电厂中，发电机不经升压直接以直配线向地方用户供电时，如果供电线路较短，线路上电压损耗不大，则可采取改变发电机端电压的方式来满足负荷点的电压质量要求。

当发电机经多次升降压向负荷供电时，因线路较长，供电范围大，从发电厂到负荷点之间网络的电压损耗较大。如图 5-10 所示为多级升降压向负荷供电系统，图中已注明各元件在最大负荷和最小负荷情况下的电压损耗。从图中可以看出，在最大负荷时，由电源到负荷点之间电压损耗达到 35%，在最小负荷时，电压损耗为 18%，其变化幅度达到 17%。而对发电机而言，其调压的困难不仅在于电压损耗值过大，而且更主要在于不同运行方式下的电压损耗之差太大。所以仅靠发电机调压是不能满足远方负荷的电压要求。在这种情况下，考虑发电机电压在最大负荷时提高 5%，最小负荷时保持为额定电压。其调压主要是为了满足近区负荷电压质量的要求，而对于解决多级变压供电系统的调压问题是有利的，但还需要采取其他调压方法，例如采用调节变压器分接头等方法予以解决。

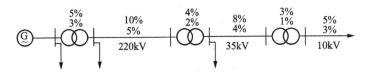

图 5-10 多级变压供电系统电压损耗情况

对于大型互联的电力系统，利用发电机调压会带来新的问题。因为节点的无功功率与节点电压有直接的关系，调整个别发电厂母线的电压时，会引起该厂无功功率的变化。一方面，要求该厂具有充足的无功备用容量；另一方面，还会引起系统中无功功率的重新分配，这时可能与无功功率的经济分配发生矛盾。因此，在大型电力系统中，依靠发电机调压只作为辅助性调压措施。

5.5.2 改变变压器分接头调压

1. 普通变压器

普通双绕组变压器的高压绕组和三绕组变压器的高、中压绕组上有若干分接头供调压选择使用。一般情况下，容量为 6 300 kVA 及以下的变压器有 3 个分接头，各分接头电压分别为 $1.05U_N$、U_N、$0.95U_N$，调压范围为 $\pm 5\% U_N$。其中 U_N 为高压侧额定电压，在 U_N 处引出的抽头被称为主抽头。容量为 8 000 kVA 及以上的变压器有 5 个分接头，各分接头电压分别为 $1.05U_N$、$1.025U_N$、U_N、$0.975U_N$、

$0.95U_N$，调压范围为 $\pm 2 \times 2.5\% U_N$。

普通变压器的分接头调整只能停电后进行，又称为无激磁调压变压器，一般在一年中根据季节性负荷的变化进行调整，不能随时进行调整，因此不能满足日负荷变化时对电压的质量要求。

当变压器通过的负荷发生变化时，各电压值将发生变化，这就需要计算在不同的负荷下为满足低压侧调压要求所应选择的高压侧分接头电压。

普通的双绕组变压器在正常的运行中无论负荷怎样变化只能使用一个固定的分接头。这时可以分别算出最大负荷和最小负荷下所要求的分接头电压。为使在最大、最小负荷两种情况下变压器的分接头均适用，则变压器高压绕组的分接头电压取最大和最小负荷时分接头电压的平均值，这样计算出分接头电压后，就可选择一个最接近这个计算值的实际分接头，进而可确定变压器的电压比。然后根据所确定变压器的电压比校验最大负荷和最小负荷时低压母线上的实际电压是否符合要求。如果不满足调压要求，应再改选变压器的其他分接头。

普通三绕组变压器一般在高、中压绕组有分接头可供选择使用，高、中压侧分接头的选择方法，需根据变压器的运行方式分别地或依次地逐个进行。一般可先按低压侧调压要求，由高、低压侧确定好高压绕组的分接头；然后再用选定的高压绕组的分接头，考虑中压侧的调压要求，由高、中压侧选择中压绕组的分接头。通过上述分析可以看到，采用固定分接头的变压器进行调压，不能改变电压损耗的数值，也不能改变负荷变化时二次（侧）电压的变化幅度；通过对电压比的适当选择，只能把这一电压变化幅度对于二次（侧）额定电压的相对位置进行适当的调整。如果电压的变化幅度超过了分接头的可能调整范围（$\pm 5\%$），或者调压要求的变化趋势与实际的相反（如逆调压时），则依靠选普通变压器的分接头的方法将无法满足调压要求。这时可以采用有载调压变压器或其他调压措施。

2. 有载调压变压器

有载调压变压器可根据系统运行情况，在带负荷的条件下随时切换分接头开关，保证供电电压质量，而且分接头数目多、调节范围比较大，如 SFPZ7 - 90000/220 型有载调压变压器，额定电压比为 $220 \pm 8 \times 1.5\%/38.5$，其调压范围为 $\pm 8 \times 1.5\%$。采用有载调压变压器时，可以根据最大负荷和最小负荷时分接头电压来分别选择各自合适的分接头。这样就能缩小二次侧电压的变化幅度，甚至改变电压变化的趋势。

如果系统中不缺乏无功功率，凡采用普通变压器不能满足调压要求的场合，如长线路、负荷变动大、系统联络线的两端等，采用有载调压变压器，都可以满足调压要求。

需要特别指出的是变压自动有载切换分接开关使用不当时，可能产生严重的后果。当供电系统由于无功功率短缺而电压降低时，变压器有载切换分接开关并不能补充提供无功功率，而是将无功功率缺额转嫁到高压侧电网。如果许多供电变压器同时进行有载自动切换分接开关，就可能使主电网电压严重下降而产生电压崩溃事故。

如图 5-11 所示为有载调压变压器原理接线图。为了防止可动触头在切换过程中产生电弧使变压器绝缘油劣化，甚至烧毁分接头开关，调压绕组通过并联触头 Q1、Q2 与高压主绕组串联。可在带负荷的情况下进行分接头的切换，在可动触头 Q1、Q2 回路接入接触器 KM1、KM2 的工作触头并放在单独的油箱里。在调节分接头时，先断开接触器 KM1，将可动触头 Q1 切换到另一分接头上，然后接通 KM1。另一可动触头 Q2 也采用同样的步骤，移到这个相邻的分接头上，这样进行移动，直到 Q1 和 Q2 都接到所选定的分接头位置为止。当切换过程中 Q1、Q2 分别接在相邻的两个分接头位置时，电抗器 L 限制了回路中流过的环流大小。110 kV 及以上电压等级变压器的调压绕组放在中性点侧，使调节装置处于较低电位。

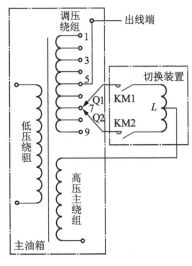

图 5-11 有载调压变压器原理图

3. 加压调压变压器

如图 5-12 所示为加压调压变压器原理接线图。它由电源变压器和串联变压器组成。串联变压器的次绕组串联在主变压器的引出线上，作为加压绕组，这相当于在线路上串联了一个附加电势。改变附加电势的大小和相位即可改变线路电压的大小和相位。

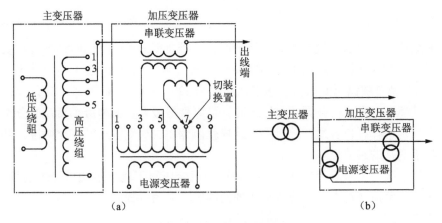

（a）   （b）

图 5-12 加压调压变压器

（a）原理图；（b）接线图

5.5.3　改变系统无功功率分布调压

当系统中无功功率缺额较大时，采用改变发电机励磁电流或改变变压器分接头调压不能保证负荷点电压在允许范围内，这就需要装设各种无功补偿设备进行调压。无功补偿的方式有并联补偿和串联补偿两种。并联补偿是将各种无功功率电源设备并联在主电路上，就近向负荷提供无功功率，既能减小线路电压损耗，改善用户的电压质量，也能减小网络的有功功率损耗和电能损耗。

1. 并联电容器

电力电容器只能发出感性无功功率，提高大负荷时负点的电压，而小负荷时，不吸收无功功率来降低负荷点的电压。为了充分利用补偿容量，在最大负荷运行方式时应全部投入，在最小负荷运行方式时应全部退出。

2. 同步调相机

调相机在最大负荷运行方式时可以过励磁运行，发出感性无功功率使电压升高；在最小负荷运行方式时可以欠励磁运行，吸收感性无功功率使电压降低。如果在最大负荷时以额定容量过励磁运行，在最小负荷时按额定容量的 50% ~ 65% 欠励磁运行，其容量会得到充分利用。

5.5.4　改变电力网参数调压

在输电线路输送的功率不变的情况下，改变电力网参数 R、X 的值，可以达到调压的目的。其中最常用的方法是在线路上串联电容器，用以补偿线路的感抗，从而提高线路末端的电压。

第 6 章

电力系统安全调度与经济运行

6.1 概　述

6.1.1 电力系统安全调度的相关概念

要保证电能供应的高度安全可靠，需从电力系统设计与电力系统运行两个方面都进行，即电力系统安全性包括：

①指电力系统突然发生扰动（如突然短路或非计划失去电力系统元件）时不间断地向用户提供电力和电量的能力。

②指电力系统的整体性，即电力系统维持联合运行的能力。

当计算机用于电网设计与调度工作后，"安全"与"可靠"逐渐被用来区分两种不同的情况。

（1）电力系统的可靠性是一个长时期连续供电的平均概念，属于长期的统计规律，不是瞬时性的问题。

（2）电力系统的安全运行则是一个实时的连续供电的概念。所以，电力系统的可靠性在设计工作中运用得多，而电力系统的安全水平则在电网调度与运行工作中经常需要运用。

电网的可靠性与设计有关，但是它决不能代替安全调度的工作。因此将电网的可靠性和电网的安全水平这两个概念适当地加以区分，还是十分必要的。

电力系统运行的安全水平可以理解为该系统承受偶发性事故冲击而不致破坏的能力。在实际运行中，一般用安全储备系数和干扰出现的概率确定一个电力系统当前的安全水平。

第一，一个电力系统运行的安全水平与事故概率有关。如果电力系统中的运行设备维护及时、完好率高，这个系统出现因设备偶然损坏造成事故的概率就小，这个系统运行的安全水平就高；反之，安全水平就低。

第二，电力系统的安全水平与其是否有足够的安全储备有关。安全储备可以理解为备用容量，包括有功备用、无功备用和线路传输能力备用等。一个备用容量充足的系统发生事故时备用容量会很快地代替被切掉的元件而不致中断向用户供电。这样的系统运行的安全水平是高的。应该进一步指出，备用能量是否能发生作用与电力系统的运行方式有密切关系。在电力系统发生事故时，一个合理的运行方式可充分发挥备用容量的作用，便于消除局部过负荷和过电压等情况，保证向用户供电。

第三，电力系统的安全水平与系统接线方式是否便于消除局部设备的过负荷、过电压等险情有关。系统无功功率电源的分布合理，加上接线方式能否保证无功功率电源的发挥，是解决局部过电压或欠电压的重要措施。系统备用容量也要合理分布，同时系统接线方式也要保证其效益的发挥。系统的接线方式是否灵活、合理，较难用具体的指标来全面衡量，但它却是安全调度的内容之一。

通过对安全水平的分析可知，充足的备用、合理的电力系统运行结构以及较高的设备完好率，是提高电力系统安全水平的物质基础。只有在此基础上，调度人员的调度指挥自动化系统才是有效的。在此基础上，通过加强全系统的安全监视、安全分析和安全控制，就有可能在出现局部故障时，迅速处理事故和恢复正常运行，不使局部故障扩大为全系统的事故。这时，系统就有了较高的安全水平。

6.1.2 电力系统的运行状态及调度控制

在计算机应用于电网调度工作中后，由于计算机的运算速度快、存储容量大、程序调动灵活，可以使运行人员对当时电网的运行状态，从安全调度的需要出发，做出比以前更仔细、更准确的实时判断与区分。以便说明在不同运行状态时应如何对电力系统实行控制。目前，电力系统运行状态尚没有严格定义，一般将其分为正常状态、警戒状态、紧急状态、崩溃状态和恢复状态。

1. 正常状态

电力系统运行在正常状态时，运行参数在允许的上、下限值之间。反之，如果有一个或几个运行参数在允许的上、下限之外时，电力系统就处于不正常状态了。正常状态可用下式描述：

$$f_{\min} \leqslant f \leqslant f_{\max} \qquad (6-1)$$

$$U_{i\min} \leqslant U_i \leqslant U_{i\max} \qquad (6-2)$$

$$\left.\begin{array}{c} P_{Gi\min} \leqslant P_{Gi} \leqslant P_{Gi\max} \\ Q_{Gi\min} \leqslant Q_{Gi} \leqslant Q_{Gi\max} \\ S_{ij\min} \leqslant S_{ij} \leqslant S_{ii\max} \end{array}\right\} \qquad (6-3)$$

式中　$f, f_{\max}, f_{\min}$——系统频率及其上、下限值；

$U_i, U_{i\max}, U_{i\min}$——母线 i 的电压及其上、下限值；

$P_{Gi}, P_{Gi\max}, P_{Gi\min}$——第 i 台发电机有功出力及其上、下限值；

$Q_{Gi}, Q_{Gi\max}, Q_{Gi\min}$——第 i 台发电机无功出力及其上、下限值；

$S_{ij}, S_{ij\max}, S_{ij.\min}$——节点 i、j 之间线路或变压器的功率潮流及其上、下限值；

i, j——发电机组或电压节点的序号。

如果上述不等式成立，则电力系统运行正常，否则就不正常。式（6-1）～式（6-3）也称为电力系统运行的不等式约束条件。

式（6-1）、式（6-2）是通过调节系统内有功和无功输入使之与系统内所消耗的有功功率和无功功率保持平衡实现的。将其用数学式描述，即：

$$\sum_{i=1}^{n} P_{Gi} = \sum_{j=1}^{m} P_{Lj} + \sum_{k=1}^{l} P_{Sk} \qquad (6-4)$$

$$\sum_{i=1}^{n} Q_{Gi} = \sum_{j=1}^{m} Q_{Lj} + \sum_{k=1}^{l} Q_{Sk} \qquad (6-5)$$

式中　P_{Gi}，Q_{Gi}——系统内第 i 个电源发出的有功功率和无功功率；

　　　　n——系统内电源的个数；

　　　　P_{Lj}，Q_{Lj}——系统第 j 个负荷在频率满足式（6-1）、电压满足式（6-2）时所消耗的有功功率和无功功率；

　　　　m——系统内负荷的个数；

　　　　P_{Sk}，Q_{Sk}——系统第 k 个输、配电设备在满足式（6-1）和式（6-2）时的有功功率和无功功率损耗；

　　　　l——系统内输、配电设备的个数；

式（6-4）说明，系统内所有电源发出的有功功率总和等于系统内所有负荷和输、配电设备在系统频率运行在允许范围之内时消耗的有功功率总和时，系统频率就在允许的上、下限之间，否则就会高出上限值或低于下限值。式（6-5）说明，系统内所有无功电源发出的无功功率总和等于系统内所有负荷和输、配电设备在系统电压 U_s 运行在允许范围 [即满足式（6-2）] 时所消耗的无功功率总和时，系统电压就在允许的上、下限值之间，否则就会高出上限值或低于下限值。因此式（6-4）和式（6-5）也被称为等式约束条件。显然，式（6-4）与式（6-1）是一致的，式（6-5）与式（6-2）是一致的。

由上述讨论可知，电力系统运行在正常状态时，满足所有等式和不等式约束条件；此时，系统内的发电机有一定的旋转备用容量，输变电设备也有一定的富裕容量，在负荷增加或减少时，系统频率和电压值在质量指标规定的范围之内，并向系统用户供应合格的电能；电力系统中各发电和输、变电设备的运行参数都在规定的限额之内；电力系统有一定的安全水平，在正常干扰（如电力系统负荷的随机变化、正常的设备操作等）下电力系统只从一个正常状态连续变化到另一个正常状态，而不会产生有害后果。正常运行状态下的电力系统是安全的，可以实施经济运行调度。

2. 警戒状态

当负荷增加过多，或发电机组因出现故障不能继续运行而计划外停运，或者因发电机、变压器、输电线路等电力设备的运行环境恶化，使电力系统中的某些电力设备的备用容量减少到使电力系统的安全水平不能承受正常干扰的程度时，

电力系统就进入了警戒状态。

警戒状态下，电力系统运行的所有等式和不等式约束条件均满足，仍能向用户供应合格的电能。从用户的角度来看电力系统仍处于正常状态。但从电力系统调度控制来看，警戒状态是一种不安全状态，与正常状态是有区别的。两者的区别在于：警戒状态下的电能质量指标虽仍合格，但与正常状态相比与不合格更接近了；电力设备的运行参数虽然在允许的上、下限值之内，但与正常状态相比更接近上限值或下限值了。在这种情况下，电力系统受正常干扰，特别是在电力系统发生故障时，可能出现不等式约束条件不能成立的情况，使系统进入到不正常状态。例如，使某些变压器或线路过载，使某些母线电压低于下限值等。

警戒状态下的电力系统是不安全的，调度控制需采取预防性控制措施，使系统恢复到正常状态。例如，调整发电机出力和负荷配置、切换线路等。这时经济调度就放到次要地位了。

3. 紧急状态

一个处于正常状态或警戒状态的电力系统，如果受到严重干扰，比如短路或大容量发电机组的非正常退出工作等，系统则有可能进入紧急状态。

紧急状态下，电力系统的某些不等式约束条件遭到破坏，比如某些线路或变压器过载；某些母线电压低于下限值等。这时的等式约束条件仍能得到满足，系统中发电机组仍然继续同步运行，不切除负荷。

紧急状态下的电力系统是危险的。电力系统调度控制应尽快消除故障的影响，采取紧急控制措施，争取使系统恢复到警戒状态或正常状态。

4. 崩溃状态

在紧急状态下，如果不能及时消除故障和采用适当的控制措施，或者措施不能奏效，电力系统可能失去稳定。在这种情况下为了不使事故进一步扩大并保证对部分重要负荷供电，自动解列装置可能动作，调度人员也可以进行调度控制，将一个并联运行的电力系统解列成几部分。这时电力系统就进入崩溃状态。

系统崩溃时，在一般情况下，解列成各个子系统中等式和不等式的约束条件均不能成立。一些子系统由于电源功率不足，不得不大量切除负荷；而另一些子系统可能由于电源功率大大超过负荷而不得不让部分发电机组解列。

系统崩溃时，电力系统调度控制应尽量挽救解列后的各个子系统，使其能够部分供电，避免系统瓦解。电力系统瓦解是由于不可控制的解列而造成的大面积停电状态。

5. 恢复状态

通过自动装置和调度人员的调度控制，在崩溃系统大体上稳定下来以后，可使系统进入恢复状态。这时调度控制应重新并列已解列的机组，增加并联运行机组的出力，恢复对用户供电，将已解列的系统重新并列。根据实际情况将系统恢复到警戒状态或正常状态。

电力系统的各个运行状态及其相应转换关系如图6-1所示。

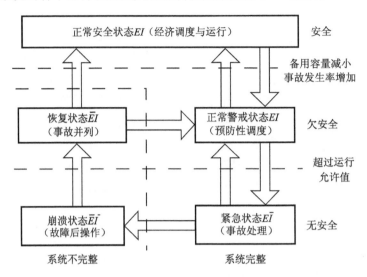

图6-1 崩溃故障框图

6.2 电力系统运行状态的安全分析

6.2.1 电力系统安全分析的功能及内容

电力系统安全分析是分析运行中的电力系统在出现预想的事故后是否能够继续保持正常状态运行。

安全分析的第一个功能是确定系统当前的运行状态在出现事故时是否安全。这里所谓的事故是根据运行人员的经验假定的事故。这些事故的结果，或者使一条或两条电力线路断开，或使变压器、发电机、负荷断开，或者发生以上各种情况的组合。确定出现事故时系统是否安全就是通过计算机计算出的发生以上各种假定的事故时，是否有线路过负荷或超过允许传输极限，是否有节点过电压，系统是否会失去稳定等。如果不会出现上述情况，系统的当前运行状态就是安全的，否则就是不安全的。

安全分析的第二个功能是确定保持系统安全运行的控制措施。如果安全分析的结果发现系统的当前运行状态在发生某一特定事故时是不安全的，安全分析应提出保持系统安全运行需采取的校正、调节和控制措施。

安全分析是能量管理系统（EMS）的重要软件之一。一般地说，安全分析包括故障定义、故障筛选和故障分析三部分，而故障筛选又分为直流（DC）筛选和交流（AC）筛选。

1. 故障定义

故障定义是由软件根据电力系统结构和运行方式等定义的事故集合。事故集合中的事故，根据运行人员积累的经验和离线仿真分析的结果确定。所确定的事故应当是足以影响系统安全运行的事故，对于那些后果不严重或后果虽严重但发生的可能性极小的事故，不应包括在事故集合中。电力系统的运行方式是多变的。当电力系统的运行方式发生变化后，引起系统不安全的事故形式也会发生变化，与事故集合中预先确定的事故形式有所不同。因此，安全分析软件中故障定义的事故集合元素也应是动态的，而不是一次确定下来就固定不变了。这就需要寻求一种以实时运行条件为基础的在线选择故障形式的方法，根据系统的实时运行方式选取事故集合中的事故。完全自动地选择故障形式的软件尚未问世。目前，故障形式的选择仍是由调度人员和调度计算机软件共同实现，事故集合中的事故可以由调度人员根据需要修改和增删。

2. 故障筛选

故障筛选是对故障定义中定义的事故按事故发生概率及对电力系统危害的严重程度进行排序，形成事故顺序表。传统的做法是故障严重程度由调度人员确定。这种做法的缺点是调度人员严重的故障，实际上往往并不严重。因此需要一个较好的故障选择标准，由计算机自动形成故障严重程度的顺序表。有两个途径进行故障选择：其一，应用快速近似方法对所有单个电力设备故障和复合故障进行模拟计算，将导致不安全的故障留下来再进行详细分析计算；其二，首先选定一个系统故障的"严重程度指标"作为衡量事故严重程度的尺度。只有假定的严重程度指标超过了预先设定的门槛值时，才被保留下来，否则就舍弃。计算出来的严重程度指标的数值同时作为排序的依据，这样就可得出一张以最严重事故开头的为数不多的事故顺序表。

故障筛选的意义在于可以只选择少数对系统安全运行影响较大的事故进行详细分析和计算，因而可以大大节约计算时间，加快安全分析进程，提高安全分析的实时性。

3. 故障分析

故障分析是将事故顺序表中的事故对电力系统安全运行构成的威胁逐一进行仿真计算分析。除了假定开断的元件外，仿真计算时依据的电网模型与当前运行系统完全相同。各节点的注入功率采用经过状态估计处理的当前值或由负荷预测程序提供的 15 ~ 30 min 后的值。每次计算的结果用预先确定的安全约束条件进行校核。如某一事故使得约束条件不能满足，则向调度人员发出警告并在 CRT 上显示分析结果，也可提供一些校正措施。例如重新分配各发电机组的出力，对负荷进行适当控制等，供调度人员选择实施，消除这种安全隐患。

6.2.2 静态安全分析

电力系统静态安全分析是主要判断系统发生预想事故后电压是否越限和线路是否过负荷的分析。静态安全分析是故障分析的一种具体形式，是 EMS 应用软件的一个组成部分，静态安全分析的主要功能包括以下两方面内容。

（1）计算电力系统中由于有功不平衡而引起的频率变化，当电力系统发生故障使大电源断开或使重要联络线断开而造成系统解列时，会出现有功不平衡，进而引起系统频率变化。电力系统频率变化时，一方面会通过发电机组的调速系统自动调节机组的有功出力；另一方面由于电力系统负荷的频率调节效应会自动改变负荷的有功功率。这样，通过电力系统中发电和用电两方面自动调节的结果会使电力系统在新的频率下稳定运行（如果故障后系统能够稳定运行的话）。计算机要对事故严重程度顺序表中所列事故逐一计算。

（2）校核在断开线路或发电机时电力系统元件是否过负荷、母线电压是否越限，本项校核要对事故顺序表中所列事故逐一进行。每次校核都相当于一次潮流计算。安全分析计算要求速度快是第一位的，因而在计算机精度上不要求像正常潮流计算那么高。目前在线静态安全分析方法主要有直流潮流法（直流法）、$P-Q$ 分解法和等值网络法 3 种。

①直流潮流法。

直流潮流法的特点是将电力系统的交流潮流用等值的直流电流代替，用求解直流网络的方法计算电力系统的有功潮流，而完全忽略无功分布对有功潮流的影响。直流潮流法的突出优点是计算速度快，这一点对于在线安全分析师十分重要。有的 EMS 系统能够在 60 s 的时间内模拟 600 条单个支路、150 台单个机组的故障和 50 个复合故障。直流潮流法的缺点是计算精度差，因此有被其他方法取代的趋势。但是直流潮流法仍旧是目前最成熟和应用最广泛的一种方法，而且通过对它的讨论可以比较容易地掌握安全分析中的某些基本关系。

②$P-Q$ 分解法。

$P-Q$ 分解法安全分析是利用电力系统潮流计算的 $P-Q$ 分解法进行安全分析的一种方法。由于 $P-Q$ 分解法潮流计算速度快，占用内存少，使得这种方法不仅在离线潮流计算中占有重要地位，而且也能适应在线计算的需要，适合在线安全分析中应用。与直流潮流法比较，$P-Q$ 分解法计算精度高，不仅能计算出系统的有功潮流，还可计算出系统各母线的电压幅值和相角。因此，可以校验母线电压和通过线路的无功功率是否越限。缺点是：$P-Q$ 分解法比直流潮流法要慢一些。

③等值网络法。

现代大型电力系统往往由成百的节点和两倍于节点以上的线路组成，是一个十分庞大的系统。在安全分析时，如果对电力系统内所有节点和线路不加区别地同等对待，就要在计算机内存储大量的网络参数和系统的实时运行数据，要进行大量运算。这样会使每次的安全分析时间延长，影响安全分析时的实时性，或者需要装置更大容量更高速度的计算机，使投资增加。

因此，调度人员在做安全分析时一般把电力系统分成两部分：对安全影响较大应主要关心的部分；对安全影响较小不必过多关心的部分。前者称为"待研究系统"，后者称为"外部系统"。安全分析时就只分析在某些预想事故下，待研究系统的内部反应，看是否有越限发生。虽然在待研究系统与外部系统之间存在着联络线，但认为在该事故下外部系统不发生越限。这就是等值网络法的基本思想。等值网络法所研究解决的问题是如何通过简化网络结构来提高安全分析的计算速度问题。一般来说外部系统的节点数和线路数都比待研究系统多得多，所以等值网络法可以大大降低安全分析中导纳方阵的阶数与状态变量的维数，非常有利于减少计算机的容量和提高安全分析的计算速度。

6.2.3　动态安全分析

电力系统动态安全分析是判断系统发生预想事故后是否失去稳定的分析。目前解决这一问题一般采用离线计算，通过逐段求解描述电力系统运行状态的微分方程组求取动态过程中状态变量随时间的变化规律，并用此来判断电力系统的稳定性。这种方法的缺点是计算工作量大，且仅能给出电力系统的动态过程，而不能给出判断电力系统是否稳定的判据。因此，这种方法不能用于电力系统在线安全分析。

稳定事故是涉及电力系统全局的重大事故。电力系统一旦失去稳定，就会造成重大的经济损失。所以，寻求在线判断正常运行状态下系统出现事故后是否会失去稳定的方法，一直是电力系统自动化工作者追求的目标之一。到目前为止，此项研究虽已取得了一定的研究成果，但还没有实际应用的例子。目前动态安全分析主要有模式识别法、李雅谱诺夫方法。

6.3　电力系统安全调度的内容及总框图

6.3.1　电力系统安全调度的主要内容

电力系统的安全调度，简单来说，就是尽可能地使电力系统处于稳定的"正常状态"的功能。电力系统调度实行"事故预想"制度，即根据已有知识和运行经验设想：电力系统运行在某一情况下出现异常情况时如何处理；在另一种运行情况时出现异常又该如何处理，等等。这样做有利于提高调度人员处理事故的能力，维持电力系统安全运行。事故预想是有效的，但人工预想的事故只能是少量的，偏重于预想反事故措施。它对当前系统运行状态的安全水平很难做出全面的评价。

在电子计算机应用于电力系统调度之后，用计算机代替人工事故预想，对电力系统进行安全监视（Security Monitoring，SM）和安全分析（Security Analysis，SA）并提出安全控制对策，把电力系统调度自动化推向了能量管理系统（EMS）阶段。一般说来，电力系统安全控制的主要内容包括以下几个方面。

1. 安全监视

安全监视是利用电力系统信息收集和传输系统所获得的电力系统和环境（如电力设备附近是否有雷电发生）变量的实时测量数据和信息，使运行人员能正确而及时地识别电力系统的实时状态。电子计算机自动校核实时电流或电压是否已到极限。校核项目包括母线电压、注入有功和无功功率、线路有功和无功功率、频率、断路器状态及操作次数等。如果校核的结果是越限则报警，如果逼近极限值则予以显示。

2. 安全分析

安全分析在上节已介绍过，是在安全监视的基础上，用计算机对预想事故的影响进行估算。在做安全分析时，首先假设一种故障，如停运一台机组或一条线路，然后进行潮流计算，校验是否会出现过负荷状态。然后，再假定一种事故，再做上述计算和校验。这种预想的事故有时多达几十种。对计算机进行安全分析的时间间隔和预想事故的种类，不同的电力系统有不同的规定。安全分析分为静态安全分析和动态安全分析。如上节所说，静态安全分析是指只考虑事故后稳态运行的安全性，而不考虑从当前运行状态向事故后稳定运行的动态转移过程。而动态安全分析是包括事故后动态过程的安全分析。目前动态安全分析还处在研究阶段。

3. 安全控制

安全控制是指在电力系统各种运行状态下，为了保证电力系统安全运行所进行的各种调节、校正和控制。电力系统正常运行状态下安全控制的首要任务是监视不断变化着的电力系统状态（发电机出力、母线电压、系统频率、线路潮流、系统间交换功率，等等），并根据日负荷曲线调整运行方式和进行正常的操作控制（如启、停发电机组，调节发电出力，调整高压变压器分接头的位置等），使系统运行参数维持在规定的范围之内，以满足正常供电的需要。

以上是常规调度控制的内容。另一种调度控制是正常运行状态下的预防性安全控制。预防性安全控制是指在进行控制时电力系统并未受到干扰，之所以对电力系统实行控制是因为安全分析已经显示电力系统当前的运行状态在出现某种事故时是不安全的。实行预防性安全控制之后会提高电力系统的安全性。但是，安全分析时所假定的事故可能出现，也可能不出现。如果为了预防这种可能出现又不一定出现的不安全状态，需要使正常运行方式和接线方式有很大改变而影响正常运行经济性时，要由运行人员来做出判断，决定是否需要进行这种预防性控制。

安全控制还包括紧急状态下的安全控制和事故后的恢复控制。广义地理解安全控制也包括对电能质量和运行经济性的控制。

6.3.2　电力系统安全调度的总框图

计算机在电力系统的实时安全调度中发挥着重要的作用。其作用基本上可分为下述 5 个方面。

（1）对电力系统的运行状态进行实时的鉴别。

（2）当系统处于正常状态时，还应使用安全分析的方法，进一步确定其是处于安全状态还是欠安全的警戒状态。

（3）当系统处于欠安全的警戒状态时，确定哪些调度措施可以使系统返回到安全状态。

（4）当系统处于紧急状态时，确定哪些反事故措施可以使系统恢复到正常状态，或者为调度人员的安全紧急操作提供可靠的信息。

（5）当系统处于恢复状态时，监视各项恢复系统正常运行的操作效果，使"恢复操作"能安全地进行。

计算机在安全调度中的功能及其控制顺序可以用图 6-2 的总框图加以基本说明。图 6-2 是电力系统分层控制与联合系统分区控制的通用的安全调度示意框图。调度所辖电力系统接线，即各断路器的开关状态，作为一单独框图列出，系统的数学模型则包括在系统运行状态估计的框图中。遥测遥信数据框，既包括所辖系统的数据，也包含外部系统的数据。滤波器环节可以淘汰因远动干扰出现的明显的错误数据，也包含遥测遥信信息相互核查的作用，可相当准确地确定系统的接线图。状态估计可以科学地提供系统运行状态的实时数据及外部系统的注入功率的数据，并能补足未经遥测的状态变量的数据。利用状态估计的结果，可以实现对运行状态的监视，区分正常状态、紧急状态与恢复状态。对于紧急状态与恢复状态时调度人员所采取的紧急安全措施（即反事故措施），计算机可提供分析性的监视功能，以取得较好的实时调度的效果。在正常状态时，可以按照在线潮流的计算程序进行预想事故的安全分析，以区分安全状态与欠安全的警戒状态。图中还说明安全分析是根据 15～30 min 以后的负荷预报进行的，它能使调度计算机的每一工作循环的安全分析更符合实时调度的要求。当电力系统处于警戒状态时，还可以对调度员的预防性措施进行分析与监视，如果发现没有可行的预防性措施时，则可以显示某些未加预防的事故万一发生时，系统会出现的紧急状态及调度员可以采取的应急措施，以提高反事故的实时调度能力。

图 6-2 是示意性的框图，主要是说明调度计算机所具有的实时安全调度的

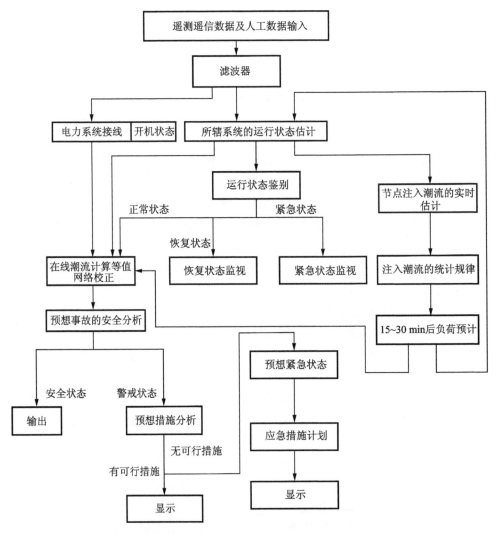

图 6-2   计算机的安全调度功能示意框图

功能，对于一个具体的调度中心或专用微处理机，可以只实现其中的某部分功能，而实现的方法也可以与图 6-2 所表示的有所差异。

6.4   电力系统经济运行概述

6.4.1   电力系统经济运行的概念

在保证电力生产安全、优质和满足客户用电需求的条件下，电力系统的经济运行就成为国民不可避免也是首先要考虑的基本条件之一。提高电力系统经济运行水平，是电力企业经营活动的重要内容之一，也是调度管理的基本要求之一

（调度员的主要职责是保证电力系统安全经济运行，并向用户或供电商供应可靠的、符合质量标准的所需电力、电能和热能）。近几年来，随着电网的不断发展，容量越来越大，备用容量也越来越大，在满足电网安全运行的情况下，电力系统的经济运行也摆在了调度运行人员的面前。

电力系统的经济运行是指在满足安全和一定质量要求的前提下，尽可能提高系统运行的经济性，合理地利用现有的能源和设备，以最低的燃料耗量和运行成本，对用户进行可靠而满意的供电。

由此可见，电力系统经济运行的任务是在确保系统功率平衡的条件下，分配各机组出力，使总的燃料消耗（或成本）最少。要想保证电力系统安全、优质、经济运行，就必须准确分析电力系统运行规律，做好年度负荷预测、能源资源和设备容量的综合平衡，切实做好电力系统年度煤、水、电（设备检修）的合理调度。

电力系统经济运行的基本原则是各个运行机组或电厂（水、火）间按"等微增率"分配负荷。其中，发电机组的微增率有耗煤微增率、成本微增率、耗水微增率等多种。

6.4.2　电力系统经济运行的发展

电力系统经济运行依次经历了两个阶段：经典经济运行阶段和现代经济运行阶段。

20 世纪 60 年代以前为经典经济运行阶段：在 20 世纪初提出了并列运行机组间负荷分配问题，即按机组效率和经济负荷点的原则进行分配，实际上此时并未达到最优。

60 年代以后为现代经济运行阶段：60 年代以后，数字计算机和最优化技术引入了电力系统，经济运行随之发展到一个新阶段。最有代表性的是 60 年代初期提出的最优潮流，它有两个概念性发展，即统一考虑经济性与安全性和统一考虑有功功率与无功功率的调度运行。这是一个典型的非线性规划问题，由于当时在计算上存在着困难，妨碍了其实用化的进程。

在 80 年代中期最优潮流计算技术已趋于成熟，但实用化进程仍然缓慢。这一时期实用的主要是基于简化模型和线性规划技术的有功安全约束运行。80 年代末电力系统经济运行，可归纳为经济运行模型、短期运行计划、长期运行计划和实时发电控制等 4 个方面。

现在国家新提出了节能发电调度，并颁布了《节能发电调度办法》。节能发电调度是指在保障电力可靠供应的前提下，按照节能、经济的原则，优先调度可再生和清洁发电资源，按机组能耗和污染物排放水平由低到高排序，依次调用发电资源，最大限度地减少能源、资源消耗和污染物排放。

目前，各类发电机组按照能耗水平由低到高排序，能耗水平相同时，按照污染物排放水平由低到高排列顺序如下。

（1）无调节能力的风能、太阳能、海洋能、水能等可再生能源发电机组。

（2）有调节能力的水能、生物质能、地热能等可再生能源发电机组和满足环保要求的垃圾发电机组。

（3）核能发电机组。

（4）按"以热定电"方式运行的燃煤热电联产机组，余热、余气、余压、煤矸石、洗中煤、煤层气等资源综合利用发电机组。

（5）天然气、煤气化发电机组。

（6）其他燃煤发电机组，包括未带热负荷的热电联产机组。

（7）燃油发电机组。

6.4.3 电力系统经济运行的内容

电力系统经济运行包括火电厂、水电站、核电厂、电网和配电系统等方面的经济运行。

（1）火电厂经济运行：主要是合理控制影响机组经济性的运行参数，并考虑燃料结构、价格等因素，使发电的营运成本最低。

（2）水电站经济运行：主要是努力降低发电耗水率，提高水能利用率。根据电网负荷的要求，合理确定投入运行的机组台数，并按经济原则分配机组负荷。

（3）核电厂经济运行：核电厂在电力系统中一般带基荷运行。为满足电力系统某些特殊要求，个别时段也参加负荷调整，核电厂的安全和环保更优先于经济运行，不直接参加电网的经济调度。

（4）电网经济运行：主要是在电网中合理分配发电厂或发电机组的有功功率，常用的方法是按等微增率原则进行分配。影响电网运行经济性的因素比较复杂，在按等微增率原则进行调度时，还需考虑以下诸因素，并对调度方案做相应修正。

①水电机组承担负荷的性质。

②输电线路的损失。

③燃料品种、价格、运费。

④机组启停附加损失。

⑤其他费用和能源消耗。

实现等微增率调度的基础是随时掌握发电机组的特性。电力系统中机组越多，制订经济调度方案的工作量越大。由于计算机的广泛应用，经济调度理论上的许多新算法得以实现，无功功率也可参加经济调度，以实现经济与安全、有功功率和无功功率的全面优化。

随着电力市场的发展，经济运行的目标转向以价格为杠杆的实时电力交易，电网经营企业可取得更为直接的效益。为此，在电力系统调度机构中都配备了能量管理系统（EMS）、商务管理系统（BMS）或交易管理系统（TMS）。

目前，电力系统经济运行内容已归入到能量管理系统之中，其应用过程是先建立数据库，再由长期至短期实施计划、调度和控制。经济运行数据库包括火电机组、电力网、水电机组、水库和燃料等方面的经济与安全模型及参数；每年（或季）根据负荷、来水、燃料和设备情况的预测，编制下一年度（或季）的检修、水库、交换电量和燃料计划；每日根据负荷、发电用水、燃料、交换电量和机组情况的预测（或计划），编制次日调度计划，包括机组组合和火电调度计划，必要时还要进行水火电协调、燃料约束、交换功率和安全约束调度；实时发电控制力图实现日调度计划规定的机组出力和联络线功率，对非预想的变化计算新的调度计划，并根据具体情况进行备用、安全约束和环境污染方面的修正。

（5）配电系统经济运行：主要是通过调整电压和潮流以达到降低线损的目的。具体做法是调节变压器分接头或变压器运行台数、调整电抗器或电容器运行台数、改变母线运行方式以及使负荷运行在经济点上、提高日负荷率和用户功率因数。

现代供电部门配备的配电管理系统（DMS）实时监视配电设备运行状况，可以实时计算线损，加强营业管理，减小丢失电量，对配电系统降低线损有着十分重要的意义。此外，一些客观条件的变化对电力系统经济运行往往有重要的影响，如火电厂燃料质量和供应情况，水电站水库综合运行，电网用电负荷调整等。电力企业对这些影响应给予足够重视，并在力所能及的条件下，争取各种因素向有利于经济运行方面转化。

电力企业本身是重要的能源用户，也是耗能大户，根据有关资料的估算：从发、供、用电的整个过程中，电力系统中的各种电气设备电能消耗约占发电量的30%。这说明电力系统自身电能损耗是相当大的，要真正达到降损节能必须从电力系统本身出发，电网经济运行就是一项实用性很强的节能技术。这项技术是在保证技术安全、经济合理的条件下，充分利用现有的设备、元件，不投资或有较少的投资，通过相关技术论证，选取最佳运行方式、调整负荷、提高功率因数、调整或更换变压器、电网改造等，在传输相同电量的基础上，以达到减少系统损耗，从而达到提高经济效益的目的。

电网的经济运行主要包括变压器及其电力线路的经济运行，电力设备中变压器是一种应用十分广泛的电气设备，变压器自身要产生有功功率损耗和无功功率损耗。电力系统中变压器产生的电能损耗占电力系统总损耗比例也很大，因此在电力系统中变压器及其供电系统的经济运行，对降低电力系统、线损有着重要的意义。由于当前绝大部分的变压器及其供电系统都在自然状态下运行，加上传统观念及习惯性错误做法的影响，导致现有变压器不一定运行在经济区间，因此必须要通过各种技术措施来降低。

电网经济调度是以电网安全运行调度为基础，以降低电网线损为目标的调度方式。电网经济调度是属于知识密集和技术密集型领域，是按电网经济运行的科学理论，实施全面电网经济运行的调度方式。电网的经济运行，首先是电网的可行性和约束性。电力系统是由电源、网络及负荷组成的复杂系统。在正常运行的任何时刻，电源所发出的功率要与负荷所需的功率及网络损耗平衡。各个电源所输出的功率要在它所承担的范围内；各个节点的电压要满足用户需求；线路上的功率不应超过限制值。要想使电网经济运行则包括许多方面，如电网电压、无功管理，等等。

6.4.4 提高电力系统运行经济性的措施

1. 降低网损，提高电网运行的经济性

降低网损可从建设性措施和运行性措施出发，一次网损主要包括线路损耗和变压器损耗。

（1）建设性措施需要增加投资费用。

①增建线路回路，更换大面积导线。

②增装必要的无功补偿设备，进行电网无功优化配置。

③规划和改造电网结构，升高电网额定电压，简化电压等级，既是增加传输容量的重大措施，又是降低网损的重大措施。

（2）运行性措施。

运行性措施主要是指在已运行的电网中，合理调整运行方式以降低网络的功率损耗和能量损耗。如改善潮流分布、调整运行参数、调整负荷、合理安排设备检修等。

①改善网络中的功率分布。

● 提高用户的功率因数，减少线路输送的无功功率。

● 按网损最小原则，实行无功经济调度。无功功率在网络中传送则会产生有功功率损耗。在有功负荷分配已确定的前提下，调整各无功电源间的负荷分配，使有功网损最小是无功功率经济调度的目标。

②在闭环网络中实行功率的经济分布。

功率分布为经济分布。在每段线路的 R/X 值相等的均一网络中，功率的自然分布与经济分布相符。而一般的环形网络都是不均一的，故功率的自然分布与经济分布就有差异。为了降低网损，可采取如下措施使非均一的电网的功率分布接近于经济分布。

● 选择适当地点开环运行（现在电网全部为辐射性网络，而且无特殊情况下，变压器中低压侧全部为分裂运行方式）。

● 对环网中 R/X 值特别小的线段进行串联补偿。

● 在环网中增设混合型加压调压变压器，由它产生一定的横向电势及相应的循环功率，以改变自然分布的功率分布，使之接近或达到经济功率分布。

③合理组织电网的运行方式。

● 适当提高电网的运行电压水平。变压器铁芯损耗与电压水平的平方成正比，而线路导线和变压器绕组中的功率损耗与电压的平方成反比。后者占总损耗的比重大，宜适当提高电压运行。一般来说，35 kV 及以上的电网宜适当提高电压而降损。适当提高电网运行电压水平，可降低线损。提高电压水平措施，主要是做好无功分层分区就地平衡工作，再是合理调整变压器分接头。

- 变压器的经济运行方式。当一变电所内装多组容量和型号都相同的变压器时，根据负荷的变化适当改变运行的变压器组数，可以减少有功损耗。变压器的经济运行，就是要确定对应于某一负荷，投入几组变压器，可使总的用功功率损耗最小。

- 调整线路的运行方式。在正常运行时，避免线路迂回供电；尽量减少空载线路运行。

- 可实行线路变压器组接线方式运行。由于线损与电流的平方成正比，在输送同样负荷功率的情况下，两线路输送比单线运行减少一半的线损。因此，可结合变压器的经济运行曲线，将能实现分段自投的变电站，改成一条线路带一台变压器的运行方式。

- 调整用户的负荷曲线。电网的网损与其负荷的形状系数有关系，减小负荷的峰谷差可降低网损。

- 合理安排设备检修。在检修的运行方式下，网络的功率损耗和能量损耗比正常运行方式时大，加强检修的计划性，配合工业用户的设备检修或节假日安排线路的检修，缩短检修时间，实行带电检修等，都可以降低检修运行方式下的网损。

2. 变压器经济运行

变压器的变损在电网的一次网损中占有很大的部分，因此变压器的经济运行对降低一次网损非常重要，也是电网经济运行的重要指标。变压器的经济运行就是充分利用现有设备条件，通过严密分析和详尽计算，择优选取运行方式并按变压器经济运行条件来调整负荷，使得在供电量相同的情况下，最大限度地降低变压器的有功损失和无功消耗。

变压器之所以有经济运行的问题，是因为变压器间技术性存在着差异，以及变压器的有功损失率和无功消耗率是随着负载而发生线性变化的。因此，在变压器运行方式上，存在着择优选取技术参数好的变压器和最佳运行方式运行的问题；在变压器运行方式已固定时，存在着合理调整负载，使变压器在经济运行区运行和使各变压器间负载经济分配的问题。下面总结了几个变压器经济运行的相关问题。

（1）经济运行是在安全运行的基础上选定的运行方式，经济运行时减少了电能损失，降低了变压器的温度，这有利于安全供电。为此，经济运行和安全运行相辅相成。

（2）开关的操作次数一般不增加，仅在少数情况下才需要用开关切换改变运行方式，达到经济运行。可以按有关规律的较长时间负载运行操作，或事先确定经济运行的临界运行来减少操作次数，一般每日不超过两次。

（3）应克服目前存在的误把消费电力当作节电的现象。如认为凡是一台变压器能带的负载就不用两台，凡是小容量变压器能带的就不用大容量变压器，可以减少另一台变压器的空载损失或减少小容量变压器的损失率，以及确定变压器"大马拉小车"时仅根据容量的利用率等，这些做法，在某些情况下不但不经济，反而浪费电力，只有根据变压器的特性、参数和负载情况，通过详细的分析和计算，才能确定经济运行的方式。

（4）变压器经济运行有 3 种情况：如果用电单位以节约电量为主，则按有功功率考虑；如果以提高功率因数为主，则按无功功率考虑；如果对两者均无特殊要求，则按综合功率考虑。

（5）变压器的损耗可以近似地用铜损和铁损来表示，而铜损又近似地等于短路损耗，铁损近似地等于空载损耗。短路损耗是指在变压器做短路试验时，二次侧的短路电流等于额定电流时，变压器所消耗的功率，即空载损耗是指变压器空载运行时，一次侧在额定电压下变压器所消耗的功率。从以上定义可以看出，短路损耗与一、二次电流的平方成正比，而空载损耗基本与变压器的结构有关，与负荷的大小关系不大。

经过对多次计算比较得出，当变压器的运行方式决定以后，变压器的经济运行区间与变压器的参数关系最大，它决定着运行哪台变压器最经济，经济运行区间与负荷的负荷功率和功率因数有关，但影响不大。对于不同参数的变压器要经过计算后才能确定。

6.4.5 优化潮流

随着电力系统的发展，电力系统的安全运行已成为电网运行的重大课题。电网经济运行中的各种调节和控制措施，都必须考虑到调节后的电力系统安全性。也就是说，在经济运行的同时，要考虑到电力系统运行的可靠性、安全性约束，如必须使设备的运行参数在允许范围内（发电机有功和无功出力的上、下限；节点电压的上、下限；变压器分接头的上、下限等），必修使通过线路的功率和电流在安全限额以下，或是线路两端功率角保持在电力系统稳定运行的范围内，等等。如果发生电力系统安全受到威胁的情况，就必须在电力系统运行的经济性、电能质量和安全性之间取得协调，以求得在满足安全运行条件下的最大经济性和最好的电能质量。

在相同的网络结线和负荷条件下，各发电节点的功率可以有各种不同的分配方案，相应的网络中的潮流就有不同的分布，对应于不同的系统运行水平和经济性。

优化潮流就是寻找一种潮流分布，使得在满足所有节点约束和电力系统安全约束的条件下，某一目标量（如发电成本或网损等）为最小。这一潮流分布成为最优潮流。

　　电力系统的运行，首先考虑的是安全、可靠，然后才是经济，脱离开安全，就没有经济可谈。当前，经济性和安全可靠性的矛盾还不能很好地解决。随着电力系统的不断发展和改造，电力系统网架结构越来越合理、简化，大部分重载线路和重载变压器问题，都会得以解决，运行会更加经济，电力系统的运行方式会更加灵活，电力系统的安全性会得到更大提高。

参 考 文 献

[1] 王士政. 电力系统控制裕调度自动化 [M]. 北京：中国电力出版社，2008.

[2] 王葵，孙莹. 电力系统自动化 [M]. 北京：中国电力出版社，2007.

[3] 李先彬. 电力系统自动化 [M]. 北京：中国电力出版社，2006.

[4] 丁坚勇，程建翼. 电力系统自动化 [M]. 北京：中国电力出版社，2006.

[5] 孟祥忠. 电力系统自动化 [M]. 北京：中国林业出版社，2006.

[6] 卢文鹏. 发电厂变电所电气设备 [M]. 北京：中国电力出版社，2007.

[7] 付周兴. 电力系统自动化 [M]. 北京：中国电力出版社，2006.

[8] 陈立新，杨光宇. 电力系统分析 [M]. 北京：中国电力出版社，2009.

[9] 黄静. 电力系统 [M]. 北京：中国电力出版社，2006.